溶液除湿空调系统建模、优化与控制

王新立 蔡文剑 刘红波 等 著

RONGYE CHUSHI KONGTIAO XITONG
JIANMO YOUHUA YU KONGZHI

化学工业出版社
·北京·

内 容 简 介

本书系统、全面地论述了作者在溶液除湿空调建模、优化与控制领域的最新研究成果，包括高效节能型溶液除湿空调系统设计、溶液除湿空调系统稳态模型的混合建模方法、面向控制的溶液除湿系统动态模型混合建模方法、基于 ANFIS 的数据驱动的除湿器动态建模方法、基于溶液除湿的独立新风-冷却吊顶空调系统优化控制方法等内容。

本书适合自动化、暖通空调等领域的研究生、科研人员及工程技术人员阅读。

图书在版编目（CIP）数据

溶液除湿空调系统建模、优化与控制/王新立等著. —北京：
化学工业出版社，2023.11
ISBN 978-7-122-44227-7

Ⅰ.①溶… Ⅱ.①王… Ⅲ.①溶液-防潮-空气调节系统-研究 Ⅳ.①TU831.3

中国国家版本馆 CIP 数据核字（2023）第 184713 号

责任编辑：李军亮 于成成　　　　　文字编辑：袁玉玉 袁 宁
责任校对：李露洁　　　　　　　　　装帧设计：王晓宇

出版发行：化学工业出版社（北京市东城区青年湖南街 13 号 邮政编码 100011）
印　　装：北京科印技术咨询服务有限公司数码印刷分部
710mm×1000mm 1/16 印张 14½ 字数 248 千字 2024 年 1 月北京第 1 版第 1 次印刷

购书咨询：010-64518888　　　　　售后服务：010-64518899
网　　址：http://www.cip.com.cn
凡购买本书，如有缺损质量问题，本社销售中心负责调换。

定　　价：99.00 元　　　　　　　　　　　　　　版权所有　违者必究

前　言

随着人们对室内环境舒适度的要求越来越高，温度、湿度控制在空调系统中起着越来越重要的作用。溶液除湿空调通过利用冷却的溶液除湿剂吸收空气中的热量和水分，从而达到降低空气温度和湿度的目的，具有除湿效率高、温湿度独立控制、低品位能源利用和过滤空气除菌等优点，已经广泛应用在建筑空气调节、生产车间温湿度控制、食品存储环境控制等领域。溶液除湿空调系统的研究可追溯到1955年G. O. G. Lof第一次以三甘醇作为除湿剂进行太阳能制冷系统实验研究，从此开辟了人类对溶液除湿空调研究的先河。经过半个多世纪的发展，国内外涌现出一批专门从事溶液除湿空调产品的设计、生产和销售的企业，如Bry-Air、Dahlbeck Engineering、Advantix Systems、北京华创瑞风等。

目前国内有关溶液除湿空调的著作远不能满足科技工作者的需求，迫切需要编写更多的相关资料以供学习参考。本书结合近年来作者的研究成果和国内外知名研究机构的最新研究进展，从溶液除湿空调系统工作原理、系统设计、建模与运行优化策略、溶液除湿空调系统优化控制方法等方面分别进行了阐述。

本书共分为十章，内容包括高效节能溶液除湿空调系统设计、溶液除湿空调系统稳态混合模型、溶液除湿器动态模型、溶液除湿器实时运行优化策略、溶液再生器能耗模型及多目标优化、溶液除湿空调系统经济模型预测控制与节能优化、溶液除湿空调系统分布式模型预测控制、基于扰动预测前馈控制的溶液除湿过程控制、基于溶液除湿的独立新风-冷却吊顶空调系统优化控制等。本书既可作为从事溶液除湿空调系统技术研发专业人员的参考书，也可作为溶液除湿空调系统技术爱好者的自学教材。

本书由山东大学副教授王新立、浙江大学宁波理工学院教授蔡文剑、山东大学教授刘红波、青岛大学助理教授李宪、青岛科技大学副教授尹晓红、山东大学教授王雷、国网山东综合能源服务有限公司高工王瑞琪共同撰写。第1、2章由蔡文剑撰写，第3章由王雷与王瑞琪共同撰写，第4～6章由王新立撰写，第7章由尹晓红撰写，第8、10章由刘红波撰写，第9章由李宪撰写。顾晨曦、薄婉琳、张宇航、徐萌、满禄鑫等参与了书稿的整理工作，感谢为本书撰写作出贡献的老师及学生们。

衷心感谢本书参考文献中提到的作者及他们的合作者，是他们的成果奠定了本书的工作基础。感谢国家自然科学基金项目（62073194、61703238、61703223）、山东省自然科学基金项目（2017MF017）、山东大学青年学者未来计划等对本书研究工作及出版的资助。

由于作者水平有限，书中存在的不当之处，恳请读者批评指正。

著者

目　录

第一章　**绪言**　　　　　　　　　　　　　　　　　　　　　　　1

　1.1　概述　　　　　　　　　　　　　　　　　　　　　　　　　1

　1.2　溶液除湿空调系统原理　　　　　　　　　　　　　　　　　5

　1.3　溶液除湿空调国内外研究现状　　　　　　　　　　　　　　7

　　1.3.1　液体除湿剂的研究　　　　　　　　　　　　　　　　　8

　　1.3.2　溶液除湿空调系统性能实验研究　　　　　　　　　　　9

　　1.3.3　新型溶液除湿空调系统设计　　　　　　　　　　　　　10

　　1.3.4　除湿器/再生器传质传热建模研究　　　　　　　　　　12

　　1.3.5　溶液除湿空调系统优化研究　　　　　　　　　　　　　14

　　1.3.6　溶液除湿空调系统控制研究现状　　　　　　　　　　　16

　1.4　本书章节安排及主要内容　　　　　　　　　　　　　　　　17

　参考文献　　　　　　　　　　　　　　　　　　　　　　　　　19

第二章　**高效节能溶液除湿空调系统设计**　　　　　　　　　　29

　2.1　概述　　　　　　　　　　　　　　　　　　　　　　　　　29

　2.2　高效节能型溶液除湿空调系统设计方案特点　　　　　　　　30

　2.3　高效节能型溶液除湿空调实验平台　　　　　　　　　　　　32

　　2.3.1　除湿器与再生器　　　　　　　　　　　　　　　　　　33

　　2.3.2　填料　　　　　　　　　　　　　　　　　　　　　　　34

　　2.3.3　热管回收器　　　　　　　　　　　　　　　　　　　　35

　　2.3.4　存储罐　　　　　　　　　　　　　　　　　　　　　　36

      2.3.5　数据采集与输出控制系统　　　　　　　　　　　36

  2.4　溶液除湿空调的性能参数　　　　　　　　　　　　　37

  2.5　误差分析　　　　　　　　　　　　　　　　　　　38

  2.6　本章小结　　　　　　　　　　　　　　　　　　　40

  参考文献　　　　　　　　　　　　　　　　　　　　　41

第三章　**溶液除湿空调系统稳态混合模型**　　　　　　　　　**42**

  3.1　概述　　　　　　　　　　　　　　　　　　　　　42

  3.2　除湿器传热传质混合模型研究　　　　　　　　　　43

      3.2.1　除湿器和再生器传热传质物理模型　　　　　43

      3.2.2　除湿器传热传质混合模型　　　　　　　　　44

      3.2.3　除湿器传热传质混合模型参数辨识　　　　　50

      3.2.4　除湿器传热传质混合模型验证及分析　　　　52

  3.3　再生器传热传质混合模型研究　　　　　　　　　　58

      3.3.1　再生器建模的假设条件　　　　　　　　　　58

      3.3.2　再生器传热传质混合模型　　　　　　　　　59

      3.3.3　再生器传热传质混合模型验证及分析　　　　61

  3.4　本章小结　　　　　　　　　　　　　　　　　　　64

  参考文献　　　　　　　　　　　　　　　　　　　　　64

第四章　**溶液除湿器动态模型**　　　　　　　　　　　　　**66**

  4.1　溶液除湿系统动态混合建模方法　　　　　　　　　66

      4.1.1　概述　　　　　　　　　　　　　　　　　　66

      4.1.2　系统描述　　　　　　　　　　　　　　　　69

      4.1.3　系统动态模型的建立　　　　　　　　　　　71

      4.1.4　系统动态模型参数估计　　　　　　　　　　77

      4.1.5　实验验证与分析　　　　　　　　　　　　　78

      4.1.6　结论　　　　　　　　　　　　　　　　　　86

  4.2　基于 ANFIS 的数据驱动的除湿器动态建模方法　　　86

      4.2.1　ANFIS 建模方法简介　　　　　　　　　　　86

      4.2.2　除湿器动态模型的建立　　　　　　　　　　88

      4.2.3　模型验证与误差分析　　　　　　　　　　　90

      4.2.4　结论　　　　　　　　　　　　　　　　　　93

4.3 本章小结 94

参考文献 95

第五章 溶液除湿器实时运行优化策略 **99**

5.1 概述 99

5.2 除湿器能量混合模型建立 100

 5.2.1 制冷机能量混合模型 100

 5.2.2 除湿风机能量混合模型 101

 5.2.3 除湿溶液泵能量混合模型 102

 5.2.4 能量混合模型辨识与验证 102

5.3 除湿器优化模型建立 106

 5.3.1 除湿器优化目标函数与变量分析 106

 5.3.2 除湿器约束条件 107

5.4 除湿器实时运行优化策略 108

5.5 除湿器优化结果与分析 111

5.6 本章小结 114

参考文献 114

第六章 溶液再生器能耗模型及多目标优化 **116**

6.1 概述 116

6.2 再生器能量混合模型 116

 6.2.1 加热器能量混合模型 116

 6.2.2 再生风机和再生溶液泵能量混合模型 117

 6.2.3 能量混合模型的验证 117

6.3 再生器多目标实时优化模型建立 119

 6.3.1 优化目标函数 119

 6.3.2 变量分析 119

 6.3.3 约束条件 120

6.4 再生器多目标实时运行优化策略 121

 6.4.1 多目标优化简介 121

 6.4.2 多目标优化的解与 Pareto 解 121

 6.4.3 再生器多目标实时运行优化策略 123

6.5 再生器优化结果与分析 126

6.5.1　多目标间的关系　127

6.5.2　再生器多目标优化结果分析　128

6.6　本章小结　132

参考文献　132

第七章　溶液除湿空调系统经济模型预测控制与节能优化　**134**

7.1　经济模型预测控制概述　134

7.2　溶液除湿空调系统能耗模型　135

7.3　LDAC 系统控制与优化问题描述　137

7.3.1　LDAC 系统优化目标函数　138

7.3.2　优化目标函数求解方法　140

7.4　控制策略仿真研究与结果分析　141

7.4.1　LDAC 系统控制性能仿真研究　141

7.4.2　两种控制策略仿真结果分析　141

7.5　LDAC 系统节能效果分析　146

7.6　本章小结　148

参考文献　148

第八章　溶液除湿空调系统分布式模型预测控制　**149**

8.1　分布式模型预测控制概述　149

8.2　LDAC 系统模型辨识与 DMPC 问题描述　151

8.2.1　LDAC 系统模型辨识　151

8.2.2　DMPC 问题描述　153

8.3　DMPC 策略控制性能仿真研究　155

8.3.1　DMPC 策略控制性能仿真　155

8.3.2　仿真结果分析　156

8.4　本章小结　158

参考文献　159

第九章　基于扰动预测前馈控制的溶液除湿过程控制　**161**

9.1　概述　161

9.2　带有扰动预测的前馈控制 PFC　164

9.3　扰动预测　170

9.3.1　多项式外推法　171

9.3.2　线性回归方法　171

9.3.3　模型参数的选取　173

9.4　预测误差的补偿　177

9.5　带扰动预测的性能增强前馈控制　180

9.6　实例验证　185

9.7　溶液除湿器的过程控制方案设计与仿真　189

9.7.1　概述　189

9.7.2　系统控制分析　189

9.7.3　反馈-前馈复合控制方案设计与仿真　194

9.7.4　本节结论　200

9.8　本章小结　200

参考文献　201

第十章　基于溶液除湿的独立新风-冷却吊顶空调系统优化控制　204

10.1　概述　204

10.2　研究采用的独立新风-冷却吊顶空调系统和提出的控制策略　205

10.2.1　用于多区域空间的独立新风-冷却吊顶空调系统的描述　205

10.2.2　独立新风-冷却吊顶空调系统的控制策略　208

10.3　整个系统的模型　211

10.3.1　膜式全热交换器　211

10.3.2　除湿器和再生器　212

10.3.3　冷却盘管/加热盘管　212

10.3.4　能耗模型　212

10.4　仿真结果和分析讨论　213

10.5　本章小结　218

参考文献　219

第一章

绪言

1.1 概述

进入 21 世纪，能源短缺问题已经成为全球关注的热点问题。人类社会的发展与繁荣得益于对石油、天然气、煤炭等化石能源的广泛使用，然而化石能源具有不可再生性，人类的巨大消耗正使其走向枯竭。

我国作为发展中国家正处于能源的高消耗期，面临着十分严峻的能源问题，主要体现在：能源总量丰富，但人均资源占有量远低于世界平均水平；能源开发技术落后，能源利用效率低，造成严重的环境污染；富煤、缺油、少气的能源消费结构不合理，给环境造成了巨大的压力。能源短缺已经成为制约我国经济社会可持续发展的重要问题之一。

近年来，建筑能耗作为全社会能源消耗结构中的重要组成部分，受到了越来越多的关注。目前建筑能耗已经占我国社会总能源消耗量的 27.8%，其中的供暖通风和空调（Heating, Ventilation and Air Conditioning, HVAC）系统在建筑能耗中占比最大，约为 55%~60%[1]。如果能对建筑 HVAC 系统进行研究，分析其能耗特点，寻找降低其能耗的方法和运行策略，提升建筑 HVAC 系统的能源利用效率，将推动我国能源消耗的合理优化配置，为我国能源战略提供有效支持，同时也对我国国民经济发展起到深远而积极的影响。

随着生活水平的逐渐提高，人们对室内居住环境和工作环境的要求越来越高。建筑物内空气质量很大程度上影响人们的生活质量和工作效率。温度和湿度作为空调的性能指标，是影响室内空气质量的重要因素，与人们生活环境和健康息息相关。湿度过高，会影响人体调节体温的排汗功能，使人感觉闷热和烦躁；湿度过低，气体过于干燥，人体皮肤会起皮，鼻黏膜感染，容易感冒。根据美国采暖、制冷与空调工程师学会（American Society of Heating, Refrigerating and Air-Conditionings Engineers, ASHRAE）2004 年发布的"Thermal Environmental Conditions for Human Occupancy"报告，人类舒适健康生活环境需要空气温度在 22～28℃，相对湿度在 40%～60%[2]。表 1.1 给出常见建筑对室内温湿度的要求值[3]。

表 1.1　常见建筑室内温湿度要求值

建筑类型	夏季		冬季	
	温度/℃	湿度/%	温度/℃	湿度/%
住宅	26～28	64～65	18～20	—
宾馆	24～27	50～65	18～22	≥30
医院	25～27	45～65	18～22	40～55
办公楼	26～28	40～60	20～22	40～55
影院	26～28	≤65	18～22	≥30
图书馆阅览室	26～28	45～65	16～18	—
展览厅	26～28	45～65	16～18	40～50
体育馆	26～28	≤65	16～18	35～50

我国幅员辽阔，跨越热带季风、亚热带季风、温带季风、温带大陆性等多个气候带，很多地区夏季炎热潮湿，需要空调降温除湿来改善建筑物内空气质量。虽然空气中水蒸气的含量很少，一般每千克干空气中只含有几十克的水蒸气，但水的汽化潜热很大，空气除湿的能耗（湿负荷）很高，一般占空调总负荷的 30%以上，在某些高湿地区空调湿负荷甚至占总负荷的 50%以上。

建筑空调中，常见的除湿方法为冷却除湿法。冷却除湿空气处理过程可以通过焓湿图 1.1 中的浅灰线表示。外界高温潮湿空气（图中 A 点）经过冷却盘管换热后达到饱和状态 B，湿空气中水分冷凝除湿到达室内要求的湿度水平（图中 C 点），但此时的空气温度过低不能直接供入房间内，需要经过升温过程达到状态 D 才可以排入室内。冷却除湿法具有操作简单、易与现有空调系统集成的特点，因此冷却除湿方法是应用最广泛、发展最成熟的一种除湿方法，但其也存在一些明显的缺点和不足[4]。

除湿能力有限：冷却除湿的冷量一般由建筑中冷冻水提供，无法满足空气露点 0℃以下的应用领域。

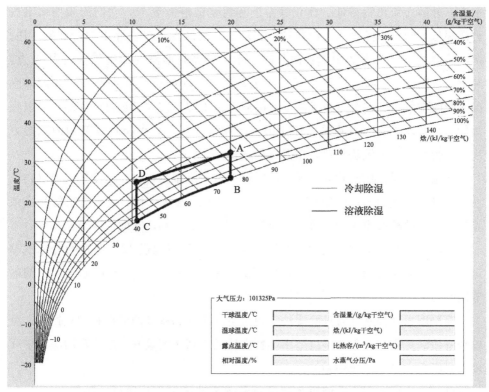

图 1.1　冷却除湿和溶液除湿方法的焓湿图表示

高品位冷量的浪费：按照一般室温 25℃，相对湿度 60％ 的要求，假设 5℃ 传热温差和 5℃ 输送温差，需要 15℃ 的冷源即可。但冷却除湿将空气温度和湿度统一处理，需要将空气降温到露点 16.7℃ 以下，因此冷源温度需要 6.7℃ 左右。这样不仅造成冷量品位的浪费，而且迫使制冷机在低蒸发压力下运行，能效比（Coefficient of Performance，COP）偏低。

再热过程能源浪费：冷却除湿后空气温度过低，无法直接送到室内，需要再热将空气升温到合适值，此过程造成了能源的重复性浪费。

空气质量差：冷却除湿表冷器盘管一直处于潮湿状态，不仅降低表冷器传热效果，长期使用还会有细菌霉菌滋生，影响室内空气质量。冷却除湿设备需要经常进行清洗和维护，会增加运营成本。

鉴于传统冷却除湿方法的缺点和不足，有必要研究一种快速、高效、节能的除湿方法来提高空气除湿过程的能源效率，这对降低建筑能耗、发展绿色环保建筑具有积极的推动作用和现实意义。溶液除湿法将湿空气与除湿剂溶液直接接触，利用液体（溶液）除湿剂的吸湿特性吸收湿空气中的水分。常见的液体除湿剂有三甘醇、氯化钙溶液、溴化锂溶液和氯化锂溶液等[5]，它们的表面水蒸气分压很低，通过水蒸气压差的推动，实现水蒸气从湿空气向除湿剂溶液的传递。溶液除湿法工作过程如图 1.1 深灰线所示，外界高温潮湿的空气（图中 A 点）经过溶液除湿系统降温降湿可以直接达到室内需求的温湿度状态 D 点。液体除湿剂吸收空气中的水分后浓度降低、吸湿能力下降，需要通过再生浓缩以恢复吸湿能力，实现除湿剂溶液的循环使用。溶液除湿法是一种相对较新颖的除湿方法，与传统冷却除湿法相比，主要有以下优点。

除湿能力强：由于除湿剂强烈的吸湿能力，除湿剂可以在温度较高时（15℃左右）将湿空气的露点降到 0℃以下。除湿量大、常压工作、灵活运行等优点使其适用于多种除湿需求的场合，如建筑住宅，纺织、制药车间、食品储存等。

能源效率高：采用溶液除湿方法，空调系统只需提供 12℃左右的冷冻水即可，提升了制冷机的蒸发压力，从而提高系统的 COP，为制冷机提供了广阔的节能空间。

温湿度独立控制：溶液除湿法实现了空气温度和湿度的解耦和独立控制，可以经济地满足用户各种温湿度要求，特别适用于精密实验室、芯片车间等对于环境温湿度要求很高的应用领域。

可再生能源利用：溶液再生浓缩过程需要热源的温度较低，一般为 60℃左右。该过程可以通过利用太阳能、工业废热等低品位可再生能源，提高系统能源利用效率。

高品质空气：除湿剂溶液具有良好的粉尘过滤和杀菌功效，可以在除去空气水分的同时净化空气；另外，由于空气湿度较低冷却盘管无结露现象，抑制了霉菌细菌的滋生。采用溶液除湿方法可以提高室内空气品质。

除此之外，溶液除湿还具有冬季加湿功能及能量存储、工质环保等优点。表 1.2 总结了冷却除湿法和溶液除湿方法在能源利用率、除湿温度、除湿效率、再生温度和空气质量等方面性能的比较。

表 1.2　两种除湿方法性能比较

项目	冷却除湿	溶液除湿
能源利用率	低	高
除湿温度	低	中
除湿效率	低	高
再生温度	—	60℃左右
空气质量	差	好

综上所述，普遍应用的冷却除湿法具有能源利用率低、除湿效率低和空气质量差等缺点。在能源短缺日益严重的今天，研究一种具有节能潜力的除湿方法代替现有低效除湿方法迫在眉睫。采用溶液除湿空调系统进行除湿，被认为是一种快速、高效且具有广阔节能前景的除湿方法。它可以利用低品位热能来降低高品位电能的消耗，从而为降低建筑能耗、提高能源利用效率、倡导绿色节能建筑新理念，提供了一种切实可行的发展新方向。

1.2　溶液除湿空调系统原理

溶液除湿空调系统利用溶液除湿剂吸收空气中的水分，达到降低空气温度和湿度的目的。溶液除湿空调系统具有除湿效率高、实现温湿度独立控制、低品位能源再生和过滤空气除菌等优点。它已经广泛应用在生产车间温湿度控制、产品存储和建筑空气调节等领域。

在溶液除湿空调系统中，空气除湿是一个复杂的传热传质过程。空气与溶液的温度差作为传热推动力，而空气的水蒸气分压和溶液表面的水蒸气分压之差为传质的推动力。溶液除湿空调系统主要由除湿器、再生器和热回收装置组成，此外还有换热器、溶液泵、风机等其他辅助设备，其工艺流程图如图1.2所示。除湿器可以降低处理空气的温湿度，主要包括填料除湿塔、除湿风机、除湿溶液泵和除湿换热器；再生器利用再生空气提升溶液的浓度，进而恢复溶液的吸湿能

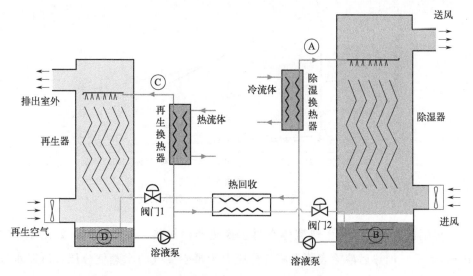

图 1.2　溶液除湿空调系统工艺流程图

力，其主要包括再生塔、再生风机、再生溶液泵和再生换热器。系统中还安装了热回收装置来提高能源利用效率。溶液除湿空调系统在运行时，部分除湿器中的低温稀溶液和再生器中的高温浓溶液需要不断进行交换来维持除湿器的除湿性能。除湿器中的溶液温度低，再生器中的溶液温度高，如果两种溶液直接混合，不仅浪费能源，同时会降低除湿器和再生器的效率。一般采用热回收装置使两种不同温度的溶液进行换热，提高稀溶液温度的同时降低浓溶液的温度，再分别进入再生器和除湿器。此热回收装置回收不同温度、浓度溶液交换过程中的冷量和热量，降低对系统产生的干扰，同时提高除湿器和再生器的效率。

系统循环中，溶液水蒸气分压随溶液浓度和温度变化如图 1.3 所示。浓溶液由除湿溶液泵驱动，经过除湿换热器被冷流体冷却，温度降低到 A 点。通过喷淋装置后溶液自除湿塔顶而下喷洒在填料表面，处理空气由除湿风机自下而上与溶液逆流接触，进行热量和水分传递和交换。由于低温浓溶液表面水蒸气分压低于处理空气侧水蒸气分压，水分从处理空气侧传入溶液侧，并释放相变潜热，空气温度和湿度降低，溶液浓度下降且温度上升，如图 1.3 中 A→B 所示。随着除湿过程溶液水蒸气分压和温度逐渐升高，除湿能力下降，需要进行溶液再生恢复其除湿能力。

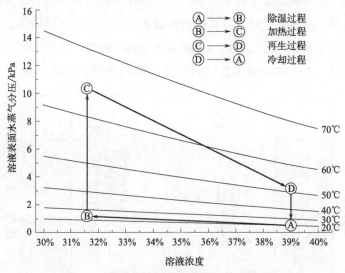

图 1.3　系统循环中溶液水蒸气分压的变化

再生器内，稀溶液由热流体在再生换热器内加热，温度升高，如图 1.3 中 B→C 所示。加热后溶液表面水蒸气分压大于再生空气的水蒸气分压，所以水分传递方向与除湿器相反，从溶液侧传入再生空气侧，并吸收相变潜热，溶液浓度上升，温度下降，如图 1.3 中 C→D 所示。由于再生后溶液温度比较高，需要冷却来恢复除湿能力（如图 1.3D→A 所示），然后再次进入除湿器构成整个溶液循环。再生器的加热除使用电能外，还可以使用其他低品位热能，如工业废热、太阳能等来提高系统的能源利用率。此外，系统中还配置两个阀门（阀门 1 和阀门 2）来调节除湿器和再生器之间溶液交换的流量，进而调节系统的除湿能力。当两个阀门的开度变大，除湿器和再生器交换的溶液量变大，除湿器底部溶液浓度升高，再生器底部溶液浓度降低，除湿器除湿能力和再生器再生能力均有提高。但由于溶液交换量变大，系统冷量和热量消耗均上升。与此相反，当两个阀门的开度变小，系统的除湿能力和再生能力下降，但仅消耗较少的冷量和热量。

1.3 溶液除湿空调国内外研究现状

溶液除湿空调系统的研究可追溯到 1955 年 G. O. G. Lof 第一次提出了利用太阳能制冷的理念，并以三甘醇作为除湿剂进行了系统实验研究[6]，从此开辟了人类对溶液除湿空调研究的先河。1969 年，Kakabaev 和 Khandurdyev 研制了一种利用太阳能进行溶液再生的吸收式制冷机[7]。1978 年，H. Robison 以氯化钙为除湿剂设计了太阳能溶液除湿空调，并使其在较低温度下高效运行[8]。经过半个多世纪的发展，溶液除湿空调系统已经广泛应用在空气湿度调节控制领域中，且有一批专门从事设计、生产、销售溶液除湿空调系统的公司，如 Bry-Air、Dahlbeck Engineering、Advantix systems、Kathabar、青岛海科、深圳天亚等。同时也有很多国内外的研究机构进行一些溶液除湿空调系统开创性和前沿研究，如美国国家可再生能源实验室（NREL）、ASHARE、美国橡树岭国家实验室（ORNL）、澳大利亚联邦科学与工业研究组织（CSIRO）、美国 AIL 研究公司、法赫德国王石油与矿产大学（King Fahd Univ. Petr. & Minerals）、萨斯喀彻温大学（University of Saskatchewan）、香港理工大学、东南大学、清华大学和上海交通大学、天津大学、华南理工大学等。学者们针对溶液除湿空调系统开展了一系列研究，主要集中在溶液除湿剂性能研究、溶液除湿空调系统实验研究、新型溶液除湿空调系统设计、除湿器/再生器传质传热理论研究、溶液除湿空调系统优化研究等领域。

1.3.1　液体除湿剂的研究

溶液除湿空调系统采用具有吸湿能力的液体除湿剂作为工质。液体除湿剂的选择恰当与否直接关系着溶液除湿空调系统性能的优劣[9]，国内外很多科研工作者为此开展了大量针对液体除湿剂热力学性质的理论研究[10-13]和实验分析[14-18]。一般认为选择液体除湿剂时主要因素有：除湿剂表面水蒸气分压、溶液再生温度、热力学特性、价格成本等，其中最主要的因素为表面水蒸气分压[19]。常见的除湿剂有三甘醇、氯化锂溶液、溴化锂溶液和氯化钙溶液等。

三甘醇是最早使用的除湿剂，文献 [20] 研究了通过填料床吸收器在空气除湿过程的同时除去空气中的污染物。他们用90％和95％的三甘醇作为除湿剂分别进行实验，结果表明空气除湿过程中，相关的空气污染物均可以控制在允许浓度范围内，并且去除污染物的效果不受三甘醇浓度的影响。三甘醇是一种无色无臭有吸湿性的有机黏稠液体，但它的沸点仅为289℃，与空气接触除湿过程中极易挥发，混入室内污染空气；同时三甘醇黏度较大，系统工作时会增加溶液泵等驱动设备能耗并极易附着在系统内，影响系统的稳定工作，以上缺点限制了其在溶液除湿空调系统中的应用[21]。

氯化钙溶液成本比较低且容易获得，上海交通大学 Xiong Z Q 等人[22,23] 研究了氯化钙溶液在双级溶液除湿空调系统中的性能，同时利用热力学第二定律对除湿过程进行分析。研究结果表明带有氯化钙溶液进行预除湿的双级溶液除湿空调系统具有较好的除湿效果同时，可以减少除湿和再生过程中的不可逆损失。C. G. Moon 等[24] 研究了氯化钙溶液在错流除湿塔内的除湿特性，总结出除湿效率的经验关系式，实验结果表明经验关系式的相对误差在±10％以内。

氯化锂溶液和溴化锂溶液都是具有很强吸湿能力的除湿剂溶液，且不易挥发到空气中，因此被广泛采用。L. A. McNeely[25] 和 Y. Kaita[26] 通过总结实验数据研究了溴化锂溶液的热力学特性，建立经验方程来计算溴化锂溶液的表面水蒸气分压、焓和熵等热力学性质。Conde 总结了大量前人的成果和实验数据，对氯化锂溶液和氯化钙溶液两种除湿剂的多种热力学性质进行公式化的总结，为后人开展相关研究提供了重要的参考和依据[27]。文献 [28-30] 针对氯化锂溶液的热力学特性（如表面水蒸气分压、密度、比热容等）进行了详细的研究。易晓勤等[21] 分析氯化锂溶液、溴化锂溶液和氯化钙溶液与除湿相关的热力学性能，总结前人丰富的实验数据信息进行拟合和分析，最后得出氯化锂溶液和溴化锂溶液都适于作为除湿剂溶液用于溶液除湿空调系统中的结论。此外，学者们还通过理论和实验的方法对几种常见除湿剂的性能进行比较，结论是氯化锂溶液具有较好的除湿效果，但溴化锂溶液和氯化锂溶液具有相当的再生性能，其中氯化钙溶液的除湿效果最差[25,26,31]。G. A. Longo 和 A. Gasparella[32] 对溴化锂溶液、氯化锂溶液和三甘醇的除湿和再生特性分别进行了理论和实验研究。研究结果表明相比于三甘醇，溴化锂溶液和氯化锂溶液具有更好的除湿特性。清华大学的 Liu X H 等人[33] 通过实验方法研究比较了溴化锂溶液和氯化锂溶液的传质特性，实验结果表明在相同的质量流量条件下，氯化锂溶液的除湿性能更好，同时溴化锂溶液和氯化锂溶液具有相当的再生性能。

为了得到更好的除湿效果，找到特性良好且成本低廉的除湿剂，研究者们采用向除湿剂中添加其他成分来改善其特性，提出了复合除湿剂的概念[10,18,34-36]。A. A. M. Hassan 和 M. S. Hassan[37] 分析了氯化钙溶液和硝酸钙在不同混合比例下密度、黏度、表面水蒸气分压和传质传热的性质，研究结果表明混合溶液的表面水蒸气分压在不同温度条件下均有显著提升。Li X W 等[38] 研究了氯化锂溶液和氯化钙溶液混合后的除湿效果，他们希望找到两种溶液恰当的混合比例来提高除湿效果。通过实验比较，混合后的除湿剂与单一氯化锂溶液相比，除湿性能至少有 20% 的提升。Lucas 等研究了溴化锂溶液与甲酸钠、溴化锂溶液与甲酸钾混合后溶液的热力学性质，如水蒸气表面分压、黏度和密度等。东南大学李秀伟[38] 和施明恒[16] 等在理论上研究了氯化锂和氯化钙的混合比例，以达到较好的除湿效果，并在试验中给予验证。杨英、Ameel T. A. 等人分别研究氯化钙与氯化锌混合后除湿性能的变化[18,39]。

复合溶液除湿剂叼以获得低成本且高性能的除湿剂溶液，未来将是除湿剂性能研究的热点内容，但相关研究还处于探索与尝试阶段，一些理论和实验数据并不完善，离广泛应用还有一段距离。因此本书选择单一溶液除湿剂中性能较好的氯化锂溶液作为工质，开展相关的研究内容。

1.3.2　溶液除湿空调系统性能实验研究

除了针对除湿剂性质的研究，溶液除湿空调系统性能实验研究也是学者关注的重点。S. Patnaik 等人[40] 设计了开放式溶液除湿空调系统，利用冷却塔和太阳能集热器来分别提供冷热源，并成功地应用在科罗拉多州立大学的太阳能应用实验室（Solar Energy Applications Laboratory）。实验研究表明，通过采用一定液体分布装置可以将系统的性能提升 $40\%\sim50\%$，同时气体压降减少 $30\%\sim40\%$。此外，他们还分析实验数据得到除湿器和再生器性能指标与系统相关运行变量的关系，为今后系统性能分析和设计提供指导。V. Oberg 和 D. Y. Goswami[41] 认为现有文献中实验数据有限，不足以支持溶液除湿系统的理论建模研究，因此他们针对溶液除湿空调系统进行了详细的实验研究，主要关注运行变量对除湿速率和除湿效率的影响。该文献的实验结果能够为系统设计提供必要的指导与参考。K. Gommed 和 G. Grossman 在已有研究成果的基础上建造了一套 16kW 的太阳能驱动溶液除湿空调样机，安装在位于以色列 Haifa 的能源工程中心（Energy Engineering Center）。经过夏季长期平稳运行得到实验数据，对理论和仿真研究进行了验证，从中得到具有研究价值的传热传质系数和能够反映除湿器与再生器性能的实验数据。经过分析可知，设计建造的样机热能效系数（thermal COP）可以达到 0.8[42]。S. Jain 等人[43] 通过实验方法研究溶液除湿空调系统在热带的除湿和再生性能，并通过双通道换热器来降低空气和除湿剂溶液热质交换过程中的带液现象。国内很多学者也针对溶液除湿空调系统开展了相关的实验研究[36,44-46]，其中清华大学江亿带领的科研团队成功将溶液除湿空调系统运用到实际工程中。通过实验运行和经济性分析发现运用溶液除湿空调系统可以将冷水机组 COP 提升到 8.9，与同类办公建筑相比节能高达 30%[47-49]。

1.3.3　新型溶液除湿空调系统设计

溶液除湿空调系统主要由除湿器和再生器及一些辅助部件组成。经过 50 多年的研究和发展，研究者们从系统基本构造出发设计开发了多种多样的溶液除湿空调系统，使其向着高能源效率、多能源驱动、高除湿量等方向发展。目前新型溶液除湿空调系统主要有内冷式除湿器/内热式再生器，太阳能驱动溶液除湿空调、多级除湿器/再生器等[50]。

除湿器内，水蒸气被吸收时释放的潜热均传给了除湿剂溶液和空气，使它们温度上升，降低了传热传质推动力和除湿效果，同理再生器内部也存在类似问题。为了充分利用浓溶液的除湿性能和尽可能对稀溶液再生，学者们提出了内冷式除湿器和内热式再生器的设计思路[51-53]，将冷却介质和加热介质分别通入除湿器和再生器内，平衡水蒸气相变过程的能量变化，提升系统的性能，如图 1.4 所示。Khan 和 Liu 等人分别针对内冷型除湿器进行了研究，结论表明内冷型除湿器具有较高的除湿效率和浓溶液利用率，但其复杂的结构限制了其应用[54,55]。

此外关于两种不同配置系统的实验对比研究也吸引了众多研究者的兴趣[56,57]，Bansal 和 Yin 分别通过实验研究比较了内冷型除湿器和内热型再生器与相应的绝热型配置，比较研究发现内冷型除湿器和内热型再生器不仅具有较好的性能，而且可以提高系统的能源利用效率[58,59]。

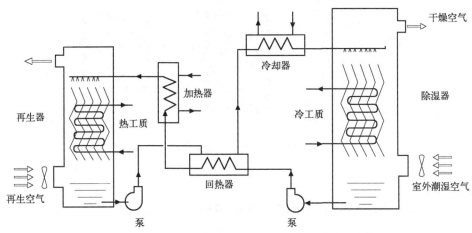

图 1.4　内冷型除湿器和内热型再生器基本构造示意图

溶液除湿空调系统设计之初就是为了能够利用太阳能这种丰富而清洁的可再生能源来提供冷量和除湿，多年来国内学者不断地提出新颖的太阳能驱动溶液除湿空调系统，提高其能源效率。P. Gandhidasan[60] 研究了利用太阳能进行溶液再生驱动开放式溶液除湿空调系统的性能。T. Katejanekarn 和 S. Kumar 通过仿真的方法分析太阳能溶液再生器的性能，结果表明太阳辐射强度是影响再生器性能的主要因素[61]。Longo 关注太阳能溶液除湿空调系统的传质传热过程，并进行了大量的实验测试和理论分析[32]。此外，学者们还针对太阳能驱动溶液除湿空调系统内不同变量的影响进行了实验研究[62,63]。美国 NREL 2006 年编写了溶液除湿空调系统在太阳能应用领域发展研究报告，综述了该技术的科研和实际应用现状[64]。

为了充分利用浓溶液的吸水特性和进行溶液再生，研究者们还提出了多级装置概念并设计开发了相应的实验平台。2004 年，清华大学江亿等人开发了多级除湿器，如图 1.5 所示[65]，空气和溶液进行错流接触，吸水后的溶液经过冷却后再次应用在下一级空气除湿过程，直到充分利用除湿剂的吸水特性。上海交通大学代彦军等人也对双级溶液除湿空调系统的性能进行了研究[66]。在同等湿热负荷情况下，多级系统比传统的单级系统更能充分利用溶液的吸水特性，需要溶液流量较低，可以降低系统的运行成本。但如果流量过低，溶液不能充分分布在接触面，与空气之间的传质传热效果大打折扣。因此多级系统溶液分布装置一般需要特殊设计来满足其要求。清华大学李震等人运用热力学第二定律分析，结果表明多级装置可以减少除湿和再生过程中的不可逆损失[67]。

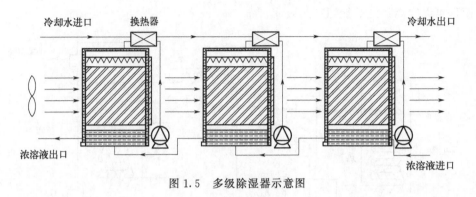

图 1.5　多级除湿器示意图

1.3.4　除湿器/再生器传质传热建模研究

对溶液除湿空调系统的传质传热过程的研究有助于控制出口空气的湿度和温度，保证系统稳定运行，提供舒适的室内环境。因此，除湿器和再生器内的传质传热建模研究一直是溶液除湿领域的研究热点，研究者们针对不同应用背景提出了很多模型，主要集中在以下三类：有限差分模型[41,63,68-70]、NTU（传递单元数，Number of Transfer Unit）模型和代数拟合模型。除了这三类模型外，近年来还提出了其他类型的模型，包括 ANN（人工神经网络，Artificial Neural Network）模型[71]、混合模型[72] 等。

有限差分模型是使用最广泛的模型，通过对传热传质过程进行分析，将除湿和再生器抽象出微分单元，对每个微分单元进行能量和质量守恒分析。P. Gandhidasan 等人分析填料塔式溶液除湿空调系统性能时考虑了液相和气相间传热传质阻力，建立了稳态数学模型，将模型与系统运行数据进行比较验证，比较结果表明模型预测结果能够与实验结果吻合[73]。L. Mesquita 等人[74] 分析了内冷型除湿器的特点，在固定液膜厚度和变液膜厚度情况下分别建立了微分方程模型，并与文献中实验数据进行比较，结果表明变液膜厚度的模型计算结果和文献中的数据相一致。Liu X[75] 针对错流溶液除湿空调系统进行了理论分析，建立了传热传质微分方程模型，且模型计算值与实验测量结果的相对误差在 10% 以内，证明了建立的模型的准确性。有限差分模型切实地描述了溶液除湿空调系统内的传热传质过程，可以准确地预测系统的性能，但其建模过程复杂，求解过程需要假设系统出口状态进行迭代计算，所以有限差分模型主要用于系统设计、系统理论分析、对计算实时性要求不高的应用。

NTU 模型是工程应用中广泛应用的模型。通过分析传热传质过程，将复杂变量集中处理，结合传热传质学中的无因次准数，如雷诺、刘易斯准数和传递单元数等，建立传热传质过程控制方程[76-79]。D. Babakhani 和 M. Soleymani 通过 NTU 方法建立溶液除湿填料塔传热传质模型，假设相界面处传热传质过程处于动态平衡状态，最终得到模型解析解，与现有文献中可靠实验数据对比发现建立的模型具有很高的准确性，他们还研究了变量，如除湿剂溶液流量、温度及浓度和空气流量、温度及湿度对除湿量和除湿效率的影响[80]。C. Q. Ren[81] 利用双膜模型理论，对并流和逆流两种不同形式的溶液除湿空调系统建立气液间传热传质 NTU 模型。Liu X 等人得出了逆流、并流和错流三种情况下溶液除湿空调系统传热传质 NTU 模型的解析解，并与数值解进行比较。将解析解的焓效率和湿效率分别与实验结果相对比，分析结果表明模型解析解的计算结果与实验结果相一致，指出得到的模型解析解可指导溶液除湿空调系统的设计优化[82-85]。与有限差分模型相比，NTU 模型大大减少了变量的数量，求解过程中只需根据工程现状和经验对一些准数进行估计，即可求得方程的解，无需迭代计算，因此在工程中应用十分广泛。但一方面由于存在对准数的估计，模型建立过程需要经验丰富的工程师提供支持，增加了模型建立的成本；另一方面溶液除湿空调系统需要不断调节系统状态满足室内变化的湿热负荷，相关的准数并非固定，影响了NTU 模型的准确性。此外，代数拟合也是一种分析除湿器和再生器传热传质过程经常采用的方法[86,87]，该方法简单易行，在小范围工况下具有较高的准确度，缺点是应用在工况变化范围较大时效果不理想。

此外，还有研究人员利用实验数据建立形式简单、相对灵活的经验模型，便于开展系统性能分析和优化。Wang X L[72] 提出了一种简化、精确的混合模型，该模型基于能量和质量守恒原理，提取几何参数和流体热力学系数等重要特征参数，通过两个方程和七个参数即可预测除湿器内的传热传质过程，该模型不需要迭代计算，有望应用于 LDAC 的运行优化、性能评估、故障检测等方面。J. Y. Pork[88] 采用响应曲面法（Response Surface Methodology，RSM）对实验数据统计分析，定量估计各系统运行参数对除湿效果的影响，由此建立了一个简化的线性方程模型，并将其作为影响除湿效果的运行参数函数，通过与现有的模型比较，验证了该模型的准确性。

以上模型多是用于分析除湿性能的稳态模型，只能模拟 LDAC 系统在稳定运行时的特性，不能完全表现其动态运行工况，因此动态建模和动态性能分析[89,90]是十分必要的。Li X[91] 基于传热传质原理，从控制的角度提出了一种简化的动态溶液除湿器模型，该模型在模型验证中具有较好的动态预测性能，有望在以后的系统控制和故障诊断中得到应用。Li W[92] 建立膜式溶液除湿器的状态空间模型并进行实验验证，与实验数据相比，模型输出的最大误差小于2%，说明该模型能够很好地预测除湿器的动态特性，状态空间模型具有计算时间短、求解过程简单等优点，有利于膜式溶液除湿器的控制设计与优化。Wang L S[93] 建立了一种逆流填料式除湿器的一维动态模型，并在不同的动态工况下对模型进行实验验证，与稳态模型相比，动态模型与实验结果吻合较好，文中还对除湿器的热容量进行了动态灵敏度分析，该动态模型对控制器的设计、测试和动态仿真具有一定的参考价值。A. E. Kabeel[94] 对溶液除湿器分别建立动态模型和离散稳态模型，并对其进行仿真验证，仿真结果表明，所建立的动态模型与实际运行工况吻合度好，与离散稳态模型相比，动态模型处理速度提高21%，节省了计算时间。以上 LDAC 动态模型的建立，或从控制的角度出发研究动态除湿性能，或为追求计算时间短、求解过程简单，有利于 LDAC 的控制与优化。因此建立精确度高、计算量少的动态模型不仅有助于更好地了解 LDAC 动态性能，而且可为进一步研究 LDAC 动态控制和实时优化奠定模型基础。

1.3.5 溶液除湿空调系统优化研究

建立 LDAC 稳态模型和动态模型并对其进行除湿性能研究和分析后，开展系统优化研究有助于充分挖掘 LDAC 节能潜力，使 LDAC 始终处于高效节能运行状态。近年来随着进化计算和优化理论的发展，也有一些研究者开始关注溶液除湿空调系统的优化研究。很多学者已经基于建立的模型开展 LDAC 系统优化研究。N. Audah 等人[95] 研究如何利用太阳能溶液除湿空调系统同时满足室内空调和淡水需求，并使系统成本最小。他们以黎巴嫩贝鲁特沿海气候为研究环境，建立总成本为优化目标，将除湿器和再生器空气流量、再生温度和除湿剂冷却器温度为优化变量建立优化模型来寻找溶液除湿空调系统的优化运行策略。该研究利用太阳能溶液除湿空调实现节能、供应淡水和室内空调三大功能。Ge G 等人[96] 针对基于溶液除湿的、可供多区域空调空间使用的独立新风-冷却吊顶(Dedicated Outdoor Air-Chilled Ceiling，DOAS-CC) 空调系统，考虑到系统的室外供风量和送风湿度是影响室内热舒适、室内空气质量和能耗的两个重要变量，提出了两种控制策略用于对两个变量进行优化。这两种控制策略分别是按需控制供风（DCV）策略和送风湿度比设定值重新设定策略。为了评价这两种策略的性能，选择了一种基本的控制策略，即恒定通风流量和恒定送风湿度比的策略作为基准。以室内空气温度、相对湿度、CO_2 浓度和能耗为优化性能指标，通过模拟仿真试验，对这两种策略的性能进行了分析。结果表明：与上述基本的控制策略相比，送风湿度比设定值重新设定策略对室内空气湿度控制是有效的，全年节能约为总能耗的 19.4%。而基于 DCV 的通风策略可以在此基础上进一步降低约 10.0% 的能耗。M. H. Kim[97,98] 等人用 TRNSYS 仿真软件研究如何实现基于溶液除湿独立新风系统（Dedicated Outdoor Air System，DOAS）的年度节能最大化。Qi R 和 Lu L[99] 以香港气候为例模拟和优化了内冷/内热型溶液除湿空调系统的性能。

Ou X H[100] 提出了一种基于模型的除湿溶液先预冷的除湿系统优化策略，优化问题考虑耗能设备与系统约束的相互作用，提出一种改进的自适应萤火虫算法，能较好地解决优化问题。与传统优化策略相比，该优化策略使系统能耗降低12.49%。类似地，Wang X L[101] 通过自适应差分进化算法对 LDAC 系统能耗进行全局优化，有效改善了 LDAC 系统能效。

Zhang N[102] 提出了一种基于传热传质模型的两级除湿系统优化策略，采用 GA 对优化问题求解，使系统能耗最小化，研究发现其在高湿负荷下节能潜力突出，所提优化策略可以作为湿热天气条件下系统实时监控的操作指南。LDAC 系统能效优化一直是人们关注的重点，诸如 LDAC 系统运行参数和其他因素优化也应引起足够的重视。Tu M[103] 对 LDAC 系统的重要运行参数优化，利用正交设计方法找出各优化参数的最优值，建立分段多项式回归模型描述最佳组合中运行参数与室外空气参数之间的关系。张小松团队[104] 对两种典型的溶液再生过程系统进行分析和优化，以热驱动方式的输入热和热泵驱动方式的输入功为优化目标，研究结果表明，输入热和输入功在最优情况下对 NTU 模型的影响一致，而且优化输入热对溶液除湿系统有重要意义，可以作为系统优化的重要指标。Wang Y Y[105] 利用太阳辐射为太阳能溶液除湿空调系统供能，优化太阳能集热器和光伏板面积比例，确保室内空气温、湿度保持在一个舒适的范围内，研究结果为太阳能溶液除湿空调在高温高湿的低纬度岛屿上的应用提供了依据。以上系统运行从系统优化的角度出发，其优化结果在系统稳态运行时是有效的，但在系统实际运行时，各种操作条件不断变化，系统动态控制没有受到足够的重视，要实现系统在动态条件下的实时优化，还要研究 LDAC 系统的动态控制。

1.3.6 溶液除湿空调系统控制研究现状

目前已有相关学者对溶液除湿系统的控制策略展开研究。R. Seblany[106] 研究了溶液除湿冷梁（Liquid Desiccant Membrane Cooled Ceiling，LDMC-C）系统和置换通风（Displacement Ventilation，DV）系统对室内较低区域的湿度控制问题，提出将 LDMC-C 吊顶附近的干空气从排风中抽出一部分与 DV 送风混合的湿度控制方法。相对于常规除湿，该方法可使室内相对湿度平均下降 8.72%，节能 24%。J. Charara[107] 在此基础上研究了多级溶液除湿系统的湿度控制方法。Xiao F[108] 提出利用 DOAS 处理室内供应的空气，文中提出并验证了 DOAS 空气降温除湿过程和溶液再生过程的控制策略，不同工况下的仿真结果表明，DOAS 更适合湿热气候下室内温、湿度控制。该研究团队在此基础上还提出了两种控制策略用于室内送风湿度的控制[109]。一种是调节除湿溶液进入除湿器的温度来控制供应空气湿度，该过程通过调节进入冷却器的冷水流量实现；另一种是通过调节除湿器内溶液的流量来控制供应空气湿度。以上研究也为本书控制量的选择提供了依据。上述控制方法是针对某一特定系统在特定环境下采取的湿度控制方法。A. T. Mohammad[110] 总结了溶液除湿系统控制策略，包括系统描述、除湿工质、控制参数和系统性能等，这有助于研究人员根据对应系统选择最佳的控制参数，获得最佳除湿能力，提高节能效果和降低运行成本。Ge G M[111] 为了优化整体系统性能，针对一种新型全新风-冷梁（Dedicated Outdoor Air-Chilled Ceiling，DOAS-CC）空调系统，提出一种基于模型的优化控制策略，这种全新风-冷梁空调系统采用了溶液除湿和基于膜的全热回收技术。首先研发了 DOAS-CC 系统中主要部件简化且可靠的模型来预测系统的性能，通过构造成本函数使系统总能耗最小化，同时适当地保持室内的热舒适度。室内的热舒适度是用室内空气的温湿度来体现的。利用遗传算法确定出 DOAS 子系统的送风温湿度以及系统供水温度的最优设定值，在模拟的多区域空调空间中，采用不同的控制权重设置，对提出的优化控制策略的性能进行了测试和评估，结果表明，通过优化控制策略获得的最优控制变量可以改善系统的能效，并能保持室内空气环境舒适。

虽然已有溶液除湿系统控制方法的研究，但同时实现系统动态控制与优化的研究进展缓慢，相关研究甚少。关于 HVAC 系统控制与优化的研究[112-115] 已经大量存在，可以为 LDAC 的动态控制与实时优化提供借鉴经验。S. Soyguder[116] 和 S. Hussain[117] 采用模糊建模方法和模糊控制器对 HVAC 系统温湿度控制和系统性能优化，均取得了不错的节能效果。M. Toub[118] 采用模型预测控制（Model Predictive Control，MPC）策略优化 HVAC 系统能耗和供能系统 MicroCSP（Microscale Concentrated Solar Power）发电成本，与传统基于规则的控制器相比，MPC 方案使 HVAC 系统节能 37%，供能系统发电成本节约 70%。M. Razmara[119] 和 G. Bianchini[120] 也采用 MPC 策略对 HVAC 控制和改善系统能效。众多研究结果表明，MPC 策略对 HVAC 系统控制与优化已获得较成功的应用。

由于 LDAC 系统固有的非线性和多变量特性表现出对非线性控制方法的迫切需求，而在众多先进的控制方法中，MPC 被认为是一种有效的工业过程控制技术，非常适用于控制 HVAC、LDAC 等缓慢动态系统。

1.4　本书章节安排及主要内容

本书以溶液除湿空调系统为研究对象，主要从系统建模、实时运行优化及控制设计与分析等方面，结合作者的研究工作，阐述近年来在这些问题上的应用研究成果。全书共分为十章。

第一章为绪论，简述本书的研究背景及意义，溶液除湿系统的原理和特点，从液体除湿剂的研究、溶液除湿空调系统性能实验研究、新型溶液除湿空调系统设计、除湿器/再生器传质传热建模研究、溶液除湿空调系统优化研究以及溶液除湿空调系统控制研究现状六个方面综述了溶液除湿空调国内外研究现状，对其发展方向进行分析，并对其应用前景提出见解。

第二章首先分析了现有溶液除湿空调系统的缺点，然后设计并搭建了一种具有热回收、能量存储和混合运行模式功能的高效节能型溶液除湿空调系统，提出了系统的性能评价指标，最后对系统性能指标进行了误差分析。

第三章针对除湿器和再生器内传热传质稳态建模方法进行研究，为后面章节开展除湿器和再生器实时运行优化策略研究提供基础。从质量和能量守恒及基本传热传质理论出发，通过合理假设和集中参数分析法，分别建立了除湿器和再生器内传热传质稳态混合模型。该模型具有形式简单、计算复杂度低、无需迭代计算、准确度高等优点。实验结果表明建立模型的预测相对误差在 20% 以内。该混合模型可以应用在针对溶液除湿空调系统的性能预测及实时运行优化等领域。

在第四章以除湿器的动态建模为例介绍系统动态建模方法。在 4.1 节中，基于热量和质量传递原理，针对溶液除湿系统提出了一种简单的动态模型建立方法。在这种方法中，流体性质的空间微分通过沿着流体流动方向上的离散化和动态相互作用，进行了近似处理。所建立的系统动态模型的所有未知参数，首先通过稳态实验数据利用 LMA 算法获得模型未知参数的初始估计值，然后再进一步利用动态实验数据通过 EKF 参数估计算法，使模型参数的估计值精确化。该模型在实验验证中预测性能良好，有望在今后的控制设计和故障诊断中得到应用。在 4.2 节中，主要针对 LDAC 系统建立除湿器动态预测模型，传统建模方法较为复杂，建模成本高且不易与动态控制相结合。该节提出了基于实验数据利用 ANFIS 方法建立除湿器动态预测模型的方法。验证结果表明，建立的动态模型对除湿器出口空气温度和湿度预测精度分别低于 2% 和 4%，可以满足除湿器出口温度和湿度的动态预测要求。

第五章研究了除湿器的实时运行优化策略。通过分析除湿器内能耗部件的特点，建立除湿器各部件的能量混合模型。以除湿器总能耗为目标函数，以除湿器中溶液流量和温度为优化变量，针对除湿器建立了带约束条件的非线性优化模型，提出除湿器的实时运行优化策略，并运用进化遗传算法在可行域内求解优化模型。通过实验验证了所提出的除湿器实时运行优化策略的节能效果。

第六章研究了溶液再生器多目标优化运行策略。分析再生器的特点，将再生器再生量和能耗作为两个优化目标，结合再生器中各部件的能量混合模型，建立了再生器多目标优化模型，提出了再生器多目标实时运行优化策略。采用改进的多目标粒子群算法（DIWPSO）求解再生器多目标优化模型，分析再生器再生量和能耗两个目标之间的关系，提出决策策略从 Pareto 解集中选择最终满意解。最后通过实验来研究溶液再生器多目标实时运行优化策略的节能特性。

在第七章中，采用经济模型预测控制（Economic Model Predictive Control, EMPC）策略，构造包含溶液除湿器系统控制和能耗的目标函数，建立有限时域动态优化问题，利用遗传算法求解动态优化问题。在两种不同工况下仿真，研究 LDAC 系统的控制性能和能效改善情况。仿真结果表明，EMPC 与 PI 控制相比具有跟踪误差小、响应速度快、能效高等优点；空气状态的设定值以及阶跃变化方向对系统的节能潜力有重要影响，提高冷却装置的 COP 有助于提升 LDAC 系统能效。

第八章研究了分布式模型预测控制（Distributed Model Predictive Control，DMPC）对 LDAC 的优化控制性能，并与集中式模型预测控制（Centralized Model Predictive Control，CMPC）和分散式模型预测控制（Decentralized Model Predictive Control，DeMPC）进行控制性能比较。结果表明，DMPC 在参数设置合适的情况下可以达到与 CMPC 几乎一致的控制效果，而 DeMPC 忽略了子系统间的耦合作用信息，对大型复杂系统的控制效果可能不理想。

第九章介绍了针对溶液除湿器系统动态控制的特点，提出的一种基于扰动预测的前馈控制方法。此外，还提出了一种补偿系统对扰动预测误差响应的通用补偿机制。在仿真研究中证实了该章所提出方法的抗干扰性能的有效性。

在第十章中，针对基于溶液除湿的、可供多区域空调空间使用的独立新风-冷却吊顶空调系统，考虑到系统的室外供风量和送风湿度是影响室内热舒适度、室内空气质量和能耗的两个重要变量，提出了两种控制策略用于对两个变量进行优化。这两种控制策略分别是按需控制供风（DCV）策略和送风湿度比设定值重新设定策略。为了评价这两种策略的性能，选择了一种基本的控制策略，即恒定通风流量和恒定送风湿度比的策略作为基准。以室内空气温度、相对湿度、CO_2 浓度和能耗为优化性能指标，通过模拟仿真试验，对这两种策略的性能进行了分析。结果表明：与基本的控制策略相比，采用送风湿度比设定值重新设定策略，全年节能约为总能耗的 19.4%。而基于 DCV 的通风策略可以在此基础上进一步降低约 10.0% 的能耗。

参考文献

[1] 曹熔泉，张小松，彭冬根. 溶液除湿蒸发冷却空调系统及其若干重要问题 [J]. 暖通空调，2009，39（9）：13-19.

[2] ASHRAE Standard 55-2004. Thermal environmental conditions for human occupancy [J]. Atlanta：American Society of Heating，Refrigerating，and Air Conditioning Engineers，2004.

[3] 住房和城乡建设部工程质量安全监管司. 全国民用建筑工程设计技术措施：暖通空调·动力 [M]. 北京：中国计划出版社，2003.

[4] 刘晓华，易晓勤，谢晓云，等. 基于溶液除湿方式的温湿度独立控制空调系统性能分析 [J]. 中国科技论文在线，2008，3（7）：469-476.

[5] 钟文朝. 中空纤维膜液体除湿组件研究与热力学分析 [D]. 广州：华南理工大

学，2012.

[6] Lof G O G. Cooling with solar energy [C] //Proceedings of 1955 Congress of solar energy，1955.

[7] Kakabaev A，Khandurdyev A. Absorption solar refrigeration unit with open regeneration of solution [J]. Applied Solar Energy，1969，5（4）：28-32.

[8] Robison H. Liquid desiccant solar heat pump for developing nations [C] //Solar energy：International progress：Proceedings of the International Symposium-Workshop，1980：932-938.

[9] 张村. 太阳能液体除湿空调系统除湿过程传热传质研究 [D]. 南京：东南大学，2004.

[10] Ahmed S Y，Gandhidasan P，Al-Farayedhi A. Thermodynamic analysis of liquid desiccants [J]. Solar Energy，1998，62（1）：11-18.

[11] Patil K R，Tripathi A D，Pathak G，et al. Thermodynamic properties of aqueous electrolyte solutions. 1. Vapor pressure of aqueous solutions of lithium chloride，lithium bromide，and lithium iodide [J]. Journal of Chemical and Engineering Data，1990，35（2）：166-168.

[12] 耿宏飞，李为，刘继平. 氯化锂溶液表面蒸汽压的理论及实验研究 [J]. 工程热物理学报，2011，32（1）：52-54.

[13] 孙健，宫小龙，施明恒. 除湿溶液蒸汽压的研究 [J]. 制冷学报，2004，25（1）：27-30.

[14] Apelblat A. The vapour pressures of saturated aqueous lithium chloride，sodium bromide，sodium nitrate，ammonium nitrate，and ammonium chloride at temperatures from 283 K to 313 K [J]. The Journal of Chemical Thermodynamics，1993，25（1）：63-71.

[15] 房小军，朱志平. 常用除湿剂比较 [J]. 流体机械，2003，31（Z1）：191-193.

[16] 宫小龙，孙健，施明恒，等. 除湿溶液除湿性能的对比实验研究 [J]. 制冷与空调，2005，5（5）：81-84.

[17] 李玉茜. 氯化锂水溶液表面蒸汽压的实验研究 [D]. 杭州：浙江大学，2013.

[18] 杨英，李心刚. 液体除湿特性的实验研究 [J]. 太阳能学报，2000，21（2）：155-159.

[19] Mohammad A T，Mat S B，Sulaiman M Y，et al. Survey of hybrid liquid desiccant air conditioning systems [J]. Renewable and Sustainable Energy Reviews，2013，20：186-200.

[20] Chung T W，Ghosh T K，Hines A L，et al. Dehumidification of moist air with simultaneous removal of selected indoor pollutants by triethylene glycol solutions in a packed-bed absorber [J]. Separation Science and Technology，1995，30（7-9）：1807-1832.

[21] 易晓勤，刘晓华，江亿. 溶液调湿空调中常用除湿剂的物性分析 [J]，中国科技论文

在线，2009，2（2）：114-119.

[22] Xiong Z Q, Dai Y J, Wang R Z. Development of a novel two-stage liquid desiccant dehumidification system assisted by CaCl₂ solution using exergy analysis method [J]. Applied Energy, 2010, 87 (5): 1495-1504.

[23] Xiong Z Q, Dai Y J, Wang R Z. Investigation on a two-stage solar liquid-desiccant (LiBr) dehumidification system assisted by $CaCl_2$ solution [J]. Applied Thermal Engineering, 2009, 29 (5/6): 1209-1215.

[24] Moon C G, Bansal P K, Jain S. New mass transfer performance data of a cross-flow liquid desiccant dehumidification system [J]. International Journal of Refrigeration, 2009, 32 (3): 524-533.

[25] Mcneeley L A. Thermodynamic properties of aqueous-solutions of lithium bromide [J], ASHRAE Journal, 1978, 20: 54-55.

[26] Kaita Y. Thermodynamic properties of lithium bromide-water solutions at high temperatures [J]. International Journal of Refrigeration, 2001, 24 (5): 374-390.

[27] Conde M R. Properties of aqueous solutions of lithium and calcium chlorides: formulations for use in air conditioning equipment design [J]. International Journal of Thermal Sciences, 2004, 43 (4): 367-382.

[28] Apelblat A, Manzurola E. Volumetric properties of aqueous solutions of lithium chloride at temperatures from 278. 15 K to 338. 15 K and molalities (0. 1, 0. 5, and 1. 0) mol/kg [J]. The Journal of Chemical Thermodynamics, 2001, 33 (9): 1133-1155.

[29] Chaudhari S, Patil K. Thermodynamic properties of aqueous solutions of lithium chloride [J]. Physics and Chemistry of Liquids, 2002, 40 (3): 317-325.

[30] Monnin C, Dubois M, Papaiconomou N, et al. Thermodynamics of the LiCl＋ H₂O system [J]. Journal of Chemical & Engineering Data, 2002, 47 (6): 1331-1336.

[31] Lazzarin R M, Gasparella A, Longo G A. Chemical dehumidification by liquid desiccants: theory and experiment [J]. International Journal of Refrigeration, 1999, 22 (4): 334-347.

[32] Longo G A, Gasparella A. Experimental and theoretical analysis of heat and mass transfer in a packed column dehumidifier/regenerator with liquid desiccant [J]. International Journal of Heat and Mass Transfer, 2005, 48 (25): 5240-5254.

[33] Liu X H, Yi X Q, Jiang Y. Mass transfer performance comparison of two commonly used liquid desiccants: LiBr and LiCl aqueous solutions [J]. Energy Conversion and management, 2011, 52 (1): 180-190.

[34] Chung T W, Luo C M. Vapor pressures of the aqueous desiccants [J]. Journal of Chemical & Engineering Data, 1999, 44 (5): 1024-1027.

[35] Ertas A, Anderson E, Kiris I. Properties of a new liquid desiccant solution—lithium chloride and calcium chloride mixture [J]. Solar Energy, 1992, 49 (3): 205-212.

[36] 孙健, 赵云, 施明恒. 太阳能液体除湿空调性能的实验研究 [J]. 能源研究与利用, 2002, 5: 30-32.

[37] Hassan A A M, Hassan M S. Dehumidification of air with a newly suggested liquid desiccant [J]. Renewable Energy, 2008, 33 (9): 1989-1997.

[38] Li X W, Zhang X S, Wang G, et al. Research on ratio selection of a mixed liquid desiccant: Mixed LiCl-CaCl$_2$ solution [J]. Solar Energy, 2008, 82 (12): 1161-1171.

[39] Ameel T A, Gee K G, Wood B D. Performance predictions of alternative, low cost absorbents for open-cycle absorption solar cooling [J]. Solar Energy, 1995, 54 (2): 65-73.

[40] Patnaik S, Lenz T, Löf G. Performance studies for an experimental solar open-cycle liquid desiccant air dehumidification system [J]. Solar Energy, 1990, 44 (3): 123-135.

[41] Oberg V, Goswami D Y. Experimental study of the heat and mass transfer in a packed bed liquid desiccant air dehumidifier [J]. Journal of Solar Energy Engineering, 1998, 120 (4): 289-297.

[42] Gommed K, Grossman G. Experimental investigation of a liquid desiccant system for solar cooling and dehumidification [J]. Solar Energy, 2007, 81 (1): 131-138.

[43] Jain S, Tripathi S, Das R S. Experimental performance of a liquid desiccant dehumidification system under tropical climates [J]. Energy Conversion and Management, 2011, 52 (6): 2461-2466.

[44] 殷勇高, 张小松, 李应林, 等. 蓄能型太阳能溶液除湿蒸发冷却空调系统研究 [J]. 东南大学学报, 2005, 35 (1): 73-76.

[45] 董岩, 李惟毅, 方承超. 溶液型空气除湿实验研究 [J]. 天津大学学报, 2001, 34 (1): 81-84.

[46] 孙健, 施明恒, 赵云. 液体除湿空调再生性能的实验研究 [J]. 工程热物理学报, 2003, 24 (5): 867-869.

[47] 张涛, 刘晓华, 赵康, 等. 温湿度独立控制空调系统应用性能分析 [J]. 建筑科学, 2010, 26 (10): 146-150.

[48] 杨海波, 刘拴强, 刘晓华. 南海意库 3# 办公楼温湿度独立控制空调系统运行实践研究 [J]. 暖通空调, 2009, 39 (5): 135-138.

[49] 陈晓阳, 江亿, 李震. 湿度独立控制空调系统的工程实践 [J]. 暖通空调, 2005, (11): 103-109.

[50] Mei L, Dai Y. A technical review on use of liquid-desiccant dehumidification for air-con-

ditioning application [J]. Renewable and Sustainable Energy Reviews, 2008, 12 (3): 662-689.

[51] 常晓敏. 内冷型溶液除湿装置研究与应用 [D]. 北京: 清华大学, 2009.

[52] 牛梅梅. 一种内冷型溶液除湿器的理论和实验研究 [D]. 杭州: 浙江大学, 2014.

[53] 吴安民, 李春林, 张鹤飞. 内冷型液体除湿特性 [J]. 石油化工设备, 2006, 35 (6): 17-20.

[54] Khan A Y. Cooling and dehumidification performance analysis of internally-cooled liquid desiccant absorbers [J]. Applied Thermal Engineering, 1998, 18 (5): 265-281.

[55] Liu X, Chang X, Xia J, et al. Performance analysis on the internally cooled dehumidifier using liquid desiccant [J]. Building and Environment, 2009, 44 (2): 299-308.

[56] Yin Y, Zhang X, Wang G, et al. Experimental study on a new internally cooled/heated dehumidifier/regenerator of liquid desiccant systems [J]. International Journal of Refrigeration, 2008, 31 (5): 857-866.

[57] 张燕, 丁云飞, 孙虹. 翅片式内冷型液体除湿器性能 [J]. 制冷与空调 (北京), 2007, 7 (3): 78-82.

[58] Bansal P, Jain S, Moon C. Performance comparison of an adiabatic and an internally cooled structured packed-bed dehumidifier [J]. Applied Thermal Engineering, 2011, 31 (1): 14-19.

[59] Yin Y, Zhang X. Comparative study on internally heated and adiabatic regenerators in liquid desiccant air conditioning system [J]. Building and Environment, 2010, 45 (8): 1799-1807.

[60] Gandhidasan P. Performance analysis of an open-cycle liquid desiccant cooling system using solar energy for regeneration [J]. International journal of refrigeration, 1994, 17 (7): 475 480.

[61] Katejanekarn T, Kumar S. Performance of a solar-regenerated liquid desiccant ventilation pre-conditioning system [J]. Energy and Buildings, 2008, 40 (7): 1252-1267.

[62] Alizadeh S. Performance of a solar liquid desiccant air conditioner-an experimental and theoretical approach [J]. Solar Energy, 2008, 82 (6): 563-572.

[63] Factor H M, Grossman G. A packed bed dehumidifier/regenerator for solar air conditioning with liquid desiccants [J]. Solar Energy, 1980, 24 (6): 541-550.

[64] Lowenstein A, Slayzak S, Kozubal E. A zero carryover liquid-desiccant air conditioner for solar applications [C] //ASME 2006 International Solar Energy Conference, USA, 2006.

[65] Jiang Y, Li Z, Chen X, et al. Liquid desiccant air-conditioning system and its applications [J]. Heating Ventilating & Air Conditioning, 2004, 34: 88-98.

[66] 熊珍琴，代彦军，王如竹. 两级双溶液除湿系统性能研究 [J]，上海交通大学学报，2009，5：783-788.

[67] Li Z，Jiang Y，Chen X Y，et al. Liquid desiccant air conditioning and independent humidity control air conditioning systems [J]. Heating Ventilating & Air Conditioning，2003，33 (6)：103-110.

[68] Gandhidasan P. A simplified model for air dehumidification with liquid desiccant [J]. Solar Energy，2004，76 (4)：409-416.

[69] Babakhani D，Soleymani M. Simplified analysis of heat and mass transfer model in liquid desiccant regeneration process [J]. Journal of the Taiwan Institute of Chemical Engineers，2010，41 (3)：259-267.

[70] Fumo N，Goswami D. Study of an aqueous lithium chloride desiccant system：air dehumidification and desiccant regeneration [J]. Solar Energy，2002，72 (4)：351-361.

[71] Aly A A，Zeidan E S B，Hamed A M. Solar-powered open absorption cycle modeling with two desiccant solutions [J]. Energy Conversion and Management，2011，52 (7)：2768-2776.

[72] Wang X L，Cai W J，Lu J G，et al. A hybrid dehumidifier model for real-time performance monitoring，control and optimization in liquid desiccant dehumidification system [J]. Applied Energy，2013，111：449-455.

[73] Gandhidasan P，Ullah M R，Kettleborough C. Analysis of heat and mass transfer between a desiccant-air system in a packed tower [J]. Journal of Solar Energy Engineering，1987，109 (2)：89-93.

[74] Mesquita L，Harrison S，Thomey D. Modeling of heat and mass transfer in parallel plate liquid-desiccant dehumidifiers [J]. Solar Energy，2006，80 (11)：1475-1482.

[75] Liu X，Jiang Y，Qu K. Heat and mass transfer model of cross flow liquid desiccant air dehumidifier/regenerator [J]. Energy Conversion and Management，2007，48 (2)：546-554.

[76] Stevens D，Braun J，Klein S. An effectiveness model of liquid-desiccant system heat/mass exchangers [J]. Solar Energy，1989，42 (6)：449-455.

[77] Khan A Y，Martinez J L. Modelling and parametric analysis of heat and mass transfer performance of a hybrid liquid desiccant absorber [J]. Energy Conversion and Management，1998，39 (10)：1095-1112.

[78] Chen X，Li Z，Jiang Y，et al. Analytical solution of adiabatic heat and mass transfer process in packed-type liquid desiccant equipment and its application [J]. Solar Energy，2006，80 (11)：1509-1516.

[79] Peng D，Zhang X. Modeling and simulation of solar collector/regenerator for liquid des-

iccant cooling systems [J]. Energy, 2011, 36 (5): 2543-2550.

[80] Babakhani D, Soleymani M. An analytical solution for air dehumidification by liquid desiccant in a packed column [J]. International Communications in Heat and Mass Transfer, 2009, 36 (9): 969-977.

[81] Ren C Q. Effectiveness-NTU relation for packed bed liquid desiccant-air contact systems with a double film model for heat and mass transfer [J]. International Journal of Heat and Mass Transfer, 2008, 51 (7): 1793-1803.

[82] Liu X, Jiang Y, Xia J, et al. Analytical solutions of coupled heat and mass transfer processes in liquid desiccant air dehumidifier/regenerator [J]. Energy Conversion and Management, 2007, 48 (7): 2221-2232.

[83] 陈晓阳, 刘晓华, 李震, 等. 溶液除湿/再生设备热质交换过程解析解法及其应用 [J]. 太阳能学报, 2004, 25 (4): 509-514.

[84] 刘晓华, 江亿, 常晓敏, 等. 溶液除湿空调系统中叉流再生装置热质交换性能分析 [J]. 暖通空调, 2006, 35 (12): 10-15.

[85] 刘晓华, 江亿, 曲凯阳, 等. 叉流除湿器中溶液与空气热质交换模型 [J]. 暖通空调, 2005, 35 (1): 115-119.

[86] Khan A Y, Ball H. Development of a generalized model for performance evaluation of packed-type liquid sorbent dehumidifiers and regenerators [J]. ASHRAE Trans, 1992, 98: 525-533.

[87] Khan A Y. Sensitivity analysis and component modelling of a packed-type liquid desiccant system at partial load operating conditions [J]. International Journal of Energy Research, 1994, 18 (7): 643-655.

[88] Park J Y, Yoon D S, Lee S J, et al. Empirical model for predicting the dehumidification effectiveness of a liquid desiccant system [J]. Energy and Buildings, 2016, 126: 447-454.

[89] Ou X H, Cai W J, He X X, et al. Dynamic model development of heat and mass transfer for a novel desiccant regeneration system in liquid desiccant dehumidification system [J]. Applied Thermal Engineering, 2018, 145: 375-385.

[90] Peng S W, Pan Z M. Heat and mass transfer in liquid desiccant air-conditioning process at low flow conditions [J]. Communications in Nonlinear Science and Numerical Simulation, 2009, 14 (9/10): 3599-3607.

[91] Li X, Liu S, Tan K K, et al. Dynamic modeling of a liquid desiccant dehumidifier [J]. Applied Energy, 2016, 180: 435-445.

[92] Li W, Yao Y, Shekhar D K. State-space model for transient behavior of membrane-based liquid desiccant dehumidifier [J]. International Journal of Heat and Mass Trans-

fer，2019，144：118711.

[93] Wang L S, Xiao F, Niu X F, et al. A dynamic dehumidifier model for simulations and control of liquid desiccant hybrid air conditioning systems [J]. Energy and Buildings, 2017, 140: 418-429.

[94] Kabeel A E, Khalil A, Elsayed S S, et al. Dynamic behaviour simulation of a liquid desiccant dehumidification system [J]. Energy, 2018, 144: 456-471.

[95] Audah N, Ghaddar N, Ghali K. Optimized solar-powered liquid desiccant system to supply building fresh water and cooling needs [J]. Applied Energy, 2011, 88 (11): 3726-3736.

[96] Ge G, Xiao F, Wang S. Optimization of a liquid desiccant based dedicated outdoor air-chilled ceiling system serving multi-zone spaces [J]. Building Simulation, 2012, 5: 257-266.

[97] Kim M H, Park J Y, Sung M K, et al. Annual operating energy savings of liquid desiccant and evaporative-cooling-assisted 100% outdoor air system [J]. Energy and Buildings, 2014, 76: 538-550.

[98] Kim M H, Park J S, Jeong J W. Energy saving potential of liquid desiccant in evaporative-cooling-assisted 100% outdoor air system [J]. Energy, 2013, 59: 726-736.

[99] Qi R, Lu L. Energy consumption and optimization of internally cooled/heated liquid desiccant air-conditioning system: a case study in Hong Kong [J]. Energy, 2014, 73: 801-808.

[100] Ou X H, Cai W J, He X X. Model-based optimization strategy for a liquid desiccant cooling and dehumidification system [J]. Energy and Buildings, 2019, 194: 21-32.

[101] Wang X L, Cai W J, Yin X H. A global optimized operation strategy for energy savings in liquid desiccant air conditioning using self-adaptive differential evolutionary algorithm [J]. Applied Energy, 2017, 187: 410-423.

[102] Zhang N, Yin S Y, Li M. Model-based optimization for a heat pump driven and hollow fiber membrane hybrid two-stage liquid desiccant air dehumidification system [J]. Applied Energy, 2018, 228: 12-20.

[103] Tu M, Huang H, Liu Z H, et al. Factor analysis and optimization of operational parameters in a liquid desiccant air-conditioning system [J]. Energy, 2017, 139: 767-781.

[104] Song X, Zhang L, Zhang X S. NTUm-based optimization of heat or heat pump driven liquid desiccant dehumidification systems regenerated by fresh air or return air [J]. Energy, 2018, 158: 269-280.

[105] Wang Y Y, Fan Y, Wang D J, et al. Optimization of the areas of solar collectors and

photovoltaic panels in liquid desiccant air-conditioning systems using solar energy in isolated low-latitude islands [J]. Energy, 2020, 198: 117324.

[106] Seblany R, Ghaddar N, Ghali K, et al. Humidity control of liquid desiccant membrane ceiling and displacement ventilation system [J]. Applied Thermal Engineering, 2018, 144: 1-12.

[107] Charara J, Ghaddar N, Ghali K, et al. Cascaded liquid desiccant system for humidity control in space conditioned by cooled membrane ceiling and displacement ventilation [J]. Energy Convers Manage, 2019, 195: 1212-1226.

[108] Xiao F, Ge G M, Niu X F. Control performance of a dedicated outdoor air system adopting liquid desiccant dehumidification [J]. Applied Energy, 2011, 88: 143-149.

[109] Ge G M, Xiao F, Niu X F. Control strategies for a liquid desiccant air-conditioning system [J]. Energy and Buildings, 2011, 43 (6): 1499-1507.

[110] Mohammad A T, Bin M S, Sopian K. Review: survey of the control strategy of liquid desiccant systems [J]. Renewable and Sustainable Energy Reviews, 2016, 58: 250-258.

[111] Ge G M, Xiao F, Xu X H. Model-based optimal control of a dedicated outdoor air-chilled ceiling system using liquid desiccant and membrane-based total heat recovery [J]. Applied Energy, 2011, 88 (11): 4180-4190.

[112] Shi J, Yu N P, Yao W X. Energy efficient building HVAC control algorithm with real-time occupancy prediction [J]. Energy Procedia, 2017, 111: 267-276.

[113] Ruano A, Pesteh S, Silva S, et al. PVM-based intelligent predictive control of HVAC systems [J]. IFAC-Papers OnLine, 2016. 49 (5): 371-376.

[114] Asad H S, Yuen R K K, Huang G. Multiplexed real-time optimization of HVAC systems with enhanced control stability [J]. Applied Energy, 2017, 187: 640-651.

[115] Homod R Z. Analysis and optimization of HVAC control systems based on energy and performance considerations for smart buildings [J]. Renewable Energy, 2018, 126: 49-64.

[116] Soyguder S, Alli H. An expert system for the humidity and temperature control in HVAC systems using ANFIS and optimization with Fuzzy Modeling Approach [J]. Energy and Buildings, 2009, 41: 814-822.

[117] Hussain S, Gabbar H A, Bondarenko D, et al. Comfort-based fuzzy control optimization for energy conservation in HVAC systems [J]. Control Engineering Practice, 2014, 32: 172-182.

[118] Toub M, Reddy C R, Razmara M, et al. Model-based predictive control for optimal MicroCSP operation integrated with building HVAC systems [J]. Energy Conversion

and Management，2019，199：111924.

[119] Razmara M，Maasoumy M，Shahbakhti M，et al. Optimal exergy control of building HVAC system [J]. Applied Energy，2015，156：555-565.

[120] Bianchini G，Casini M，Pepe D，et al. An integrated model predictive control approach for optimal HVAC and energy storage operation in large-scale buildings [J]. Applied Energy，2019，240：327-340.

第二章

高效节能溶液除湿空调系统设计

2.1 概述

溶液除湿空调系统利用溶液除湿剂吸收空气中的水分，达到降低空气温度和湿度的目的。溶液除湿空调系统具有除湿效率高、实现温湿度独立控制、低品位能源再生和过滤空气除菌等优点。它已经广泛应用在生产车间温湿度控制、产品存储和建筑空气调节等领域。

本章研究了溶液除湿空调系统的工作原理，分析现有溶液除湿空调系统的缺点和不足，提出了一种具有热回收和能量存储功能及混合运行模式的高效节能型溶液除湿空调系统，设计并搭建了相应的系统实验平台，提出系统性能评价指标，并对系统性能指标进行了误差分析。

通过分析 1.2 节介绍的溶液除湿空调系统的工作原理，可知现有系统存在以下几点缺点：

（1）能源利用率低

在传统溶液除湿空调系统中，除湿器内低温稀溶液和再生器内高温浓溶液需要不断交换。尽管安装热回收装置，但不断交换的溶液不可避免会在升高除湿器内的温度同时降低再生器内的温度，给系统带来扰动，需要为除湿换热器和再生换热器分别提供更多的冷量和热量来维持系统稳定运行。此外，再生空气经过再生器与高温溶液换热温度升高后（高达 50℃）直接排入大气会造成热能浪费，降低系统的能源利用率。

（2）除湿/再生效率低

溶液除湿空调系统利用溶液表面水蒸气分压与空气中水蒸气分压差作为传质推动力，进行空气除湿和溶液再生。经分析可知，除湿器中溶液的浓度越高，表面水蒸气分压越低，与空气之间的传质推动力越大，除湿效率越高；再生器中溶液浓度越低，表面水蒸气分压越高，与再生空气之间的传质推动力越大，再生效果越好。因此希望除湿器中溶液浓度越高越好，再生器中溶液浓度越低越好。现有溶液除湿空调系统达到动态平衡状态时，除湿器中溶液浓度较低，反而再生器中溶液浓度较高。这种运行方式使除湿器和再生器的工作效率均较低。

（3）应用局限性

传统溶液除湿空调系统要求除湿器和再生器之间两种不同浓度温度的除湿剂溶液不断交换，因此除湿器和再生器必须放置在同一地点。在建筑空调系统中，溶液除湿空调系统通常需要和空气处理机组串联运行分别承担室内的湿负荷和热负荷，因此溶液除湿空调系统一般安放在空气处理机组机房内。而工业废热或太阳能等低品位热能驱动的溶液除湿空调系统要求将再生器放置在低品位热能附近。这种物理位置上的矛盾限制了溶液除湿空调系统的应用。此外，太阳能和工业废热往往不是很稳定，具有间歇性，溶液除湿空调系统一般需要辅助加热设备来保证连续运行，这样既会提高系统初始投资成本又会增加系统的复杂性。

2.2 高效节能型溶液除湿空调系统设计方案特点

由于现有溶液除湿空调系统具有以上设计和工艺上的不足，为了充分发挥溶液除湿空调系统在低品位热能应用的优势，提高其能源利用率与除湿/再生效率，本研究设计了一种高效节能型溶液除湿空调系统，如图 2.1 所示。该系统由除湿器、再生器、浓溶液存储罐、稀溶液存储罐、热管回收器和阀门等组成，其主要工作流程由以下几个循环组成：

（1）除湿器循环

与现有溶液除湿空调系统中的除湿器相比，设计的除湿器内的除湿剂溶液经过除湿换热器冷却后喷淋在除湿塔内填料表面和处理空气发生传热传质过程，除去了现有溶液除湿空调系统中向再生器输送溶液的支路。溶液从除湿塔顶流到塔底吸收的水分量很小，因此溶液浓度下降很少，由于溶液温度上升造成了除湿能力的下降。流到塔底的溶液再次冷却后仍然具有一定的除湿能力，因此设计的新型溶液除湿空调系统将流到除湿塔底的溶液冷却后再次送入除湿塔内用于空气除湿。如此经过多次循环，溶液吸收的水分越来越多，浓度明显降低，除湿能力下降到无法满足除湿要求，然后打开阀门2将浓度很低的稀溶液送入稀溶液存储罐中。除湿器中溶液的除湿能力得到充分利用。

（2）再生器循环

和设计的除湿器相类似，再生器将稀溶液经过多次升温和再生之后使溶液浓度上升，直到恢复溶液的除湿能力。然后打开阀门1将再生高浓度浓溶液送到浓溶液存储罐中。由于再生后的空气温度升高（高达50℃），直接排放到大气会造成热能的浪费。与现有溶液除湿空调系统再生器不同，本研究设计的再生器用热管回收器将再生空气出口与进口分别相连，回收再生后空气中的热量，提高再生器进口处空气的温度，如图2.1所示。升温后空气进入再生塔，可以降低再生换热器的热量消耗，提高再生效率。

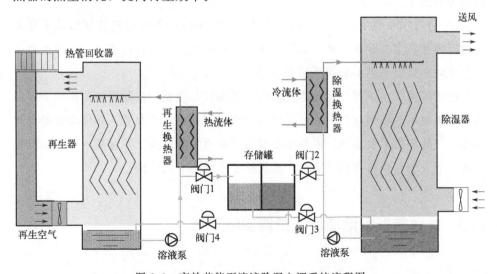

图 2.1　高效节能型溶液除湿空调系统流程图

（3）浓溶液循环

当再生后的溶液浓度上升，除湿能力得到恢复时，打开阀门1，将浓溶液转移到浓溶液存储罐中。转移完毕后，关闭阀门1，打开阀门4，稀溶液存储罐中的低浓度稀溶液依靠重力作用流入空再生器内。稀溶液灌满再生器后关闭阀门4，继续进行再生循环。

（4）稀溶液循环

随着除湿器运行，溶液浓度逐渐下降，当除湿器内的溶液无法满足空气除湿要求时，打开阀门2将溶液转移到稀溶液存储罐中。转移完毕后，关闭阀门2，打开阀门3，浓溶液存储罐中的浓溶液依靠重力流入空的除湿器内。浓溶液充满除湿器后关闭阀门3，继续进行除湿循环。

本研究设计的高效节能型溶液除湿空调系统运用传热传质的基本原理，在现有系统基础上加入热回收和能量存储的理念，改良和优化系统运行流程，提出混合运行模式，使浓溶液用于除湿过程，稀溶液用于再生过程，提高系统的效率，降低系统能耗。设计的系统在能源利用率、除湿/再生效率和应用范围方面均有明显的改进与提高。

能源利用率：热管回收器的应用将再生空气中的热量回收加热再生器入口空气，提高了再生器能源利用率和再生性能；此外，将系统中除湿器和再生器内溶液的连续性交换变为阶段性交换混合运行模式，减少了能量损失，提高了冷源和热源的利用率。

除湿/再生效率：设计的高效节能型溶液除湿空调系统使高浓度溶液工作在除湿器内进行空气除湿，而低浓度溶液工作在再生器内进行溶液再生，除湿器和再生器均在较高的除湿和再生速率下运行。

应用范围：由于混合运行模式，设计的高效节能型溶液除湿空调系统中除湿器和再生器不必限制在同一地点，可以根据需要自由灵活布置，如可将除湿器放置在空气处理机组机房内，而再生器放置在可再生能源或工业废热附近。除湿器和再生器灵活自由布置的特点极大地扩展了系统的应用范围。

2.3 高效节能型溶液除湿空调实验平台

为了研究及验证本研究设计的溶液除湿空调系统在空气除湿和能量优化方面

的性能，根据 2.2 节的设计方案搭建了高效节能型溶液除湿空调系统实验平台，针对除湿器和再生器内的传热传质模型建立和能量优化开展研究。搭建的高效节能型溶液除湿空调系统以氯化锂水溶液为除湿剂，处理风量为 $1000\mathrm{m}^3/\mathrm{h}$，可以提供含湿量低达 $0.004\mathrm{kg}/(\mathrm{kg}\ 干空气)$ 的干燥空气。搭建的溶液除湿空调系统平台主要由除湿器、再生器、填料、热管回收器、存储罐、数据测量及采集系统组成。

2.3.1　除湿器与再生器

除湿器和再生器是溶液除湿空调系统最主要的两个组成部件，是传热传质过程发生的场所，与溶液除湿空调系统的性能息息相关。实验平台除湿器和再生器实物图如图 2.2 所示。除湿器可以在不同的外界空气条件下进行空气除湿，调节输送到室内空气的温度和湿度。

(a) 除湿器　　　　　　　　　　　　　(b) 再生器

图 2.2　除湿器和再生器实物图

溶液通过立式防腐泵提供动力，在除湿换热器内吸收制冷机提供的冷量降低温度。在除湿器顶端通过喷淋装置将冷却的溶液喷在预先安装好的填料表面。湿空气通过除湿风机在除湿器填料底部与下降的溶液发生传热传质过程，实现空气除湿。由于氯化锂溶液的强烈腐蚀性，除湿器主体以聚丙烯（polypropylene）材料制成，除湿换热器采用钛合金板式换热器。为了除去高速空气中夹带的溶液液滴，在除湿器顶端安装由多层网状聚丙烯材料组成的除雾器。除湿器外层及溶液管路采用橡塑保温材料进行保温处理以减少冷量损失和避免结露现象的发生，因此系统中的除湿器和再生器可以认为是绝热的，为了表达的简便，本书后面章节所提除湿器和再生器均指绝热型除湿器和再生器。

再生器利用再生空气将低浓度稀溶液进行浓缩再生，使其能够在除湿器中循环使用。再生器的结构与除湿器类似，但再生器换热器通过热源来提升溶液温度，升高其表面水蒸气分压，使水蒸气从溶液侧传递到再生空气侧，达到提高溶液浓度的目的。此外，再生器顶端还安装有热管回收器回收利用温度较高的再生空气的热量，提高再生器进口处空气的温度，以提高其能源利用效率。除湿器和再生器的溶液泵和风机均配有变频器来调节系统工作时溶液流量和空气流量。表 2.1 给出了除湿器和再生器中主要组成部件的型号及相关技术参数。

表 2.1　除湿器和再生器组成部件的技术参数

部件	型号	技术参数
除湿溶液泵	KP-25VK-1/25V	全流量 150L/min,扬程 8m
除湿风机	315-1S5A17DS	流量 1600m³/h,压头 250Pa
除湿换热器	B40S-1.0-1-N	换热面积 1.0m²
再生溶液泵	KP-25VK-1/25V	全流量 150L/min,扬程 8m
再生风机	315-1S5A17DS	流量 1600m³/h,压头 250Pa
再生换热器	B40S-1.0-1-N	换热面积 1.0m²
填料	7090 型	400×400×1010(W×H×D:mm)
除湿塔/再生塔	按图纸生产	400×400×400(W×L×H:mm)
热管回收器	KLS-10×443	1080×529×514(W×H×L:mm)

2.3.2　填料

填料一般为多孔蜂窝状结构，安装在除湿器和再生器内以增加溶液和空气的接触面积，提升系统传热传质性能。本研究选用的填料为规整填料的一种，材料为原纸，外形尺寸为 400mm×400mm×100mm，型号为 7090，波高 9mm，45°×45°交错对置，如图 2.3 所示。该填料广泛应用在空调（包括溶液除湿空调）领域，具有比表面积大、高吸收、抗霉变、使用寿命长等优点。

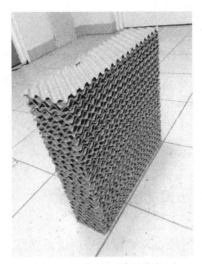

图 2.3 系统选用填料实物图

2.3.3 热管回收器

热管是一种具有高导热性能的传热元件，在密闭真空管内加入工质，如制冷剂，通过在真空管两端分别蒸发与冷凝来实现热量的传递。热管换热器是将多个热管排列起来在温度不同的两种流体间进行热量传递。其目前已广泛应用于废热回收和热能设备节能领域。本研究采用北京德天节能设备有限公司提供的热管回收器来回收再生后空气中的热量，将原本排出系统的空气中的热量回收再利用，提高系统的能源效率。热管换热器的原理和实物图如图 2.4 所示。

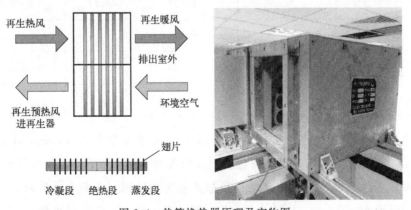

图 2.4 热管换热器原理及实物图

2.3.4 存储罐

本研究设计的新型溶液除湿空调系统具有能量存储的功能，当太阳能、工业废热等低品位热能充足时进行不断再生，将再生浓缩的溶液存储在浓溶液存储罐中以备低品位热能无法满足再生需求时使用，增加了系统的鲁棒特性。设计的存储罐采用聚丙烯材料，尺寸为 600mm×600mm×700mm，可供除湿器连续工作 3h 以上。

2.3.5 数据采集与输出控制系统

数据采集与输出控制系统由安装在系统中的传感器以及接收它们信号的数据采集与输出控制系统组成。它主要测量和记录高效节能型溶液除湿空调系统的运行参数，如湿空气的进出口温湿度和体积流量及溶液的温度、流量和密度等，同时还可以控制调节系统的运行状态，如通过控制系统中的变频器调节溶液泵、制冷机、风机等。表 2.2 给出了安装在溶液除湿空调系统中的传感器的技术参数与信息。

表 2.2 实验系统中传感器的技术参数

传感器	传感器类型	型号	准确度	量程
溶液温度传感器	PT1000	WZPK-291	0.15℃	0～100℃
溶液流量传感器	电磁式	SDLDB-25ST2F102	±0.5%	0～50L/min
溶液密度计	玻璃管	—	1kg/m³	1100～1300kg/m³
空气温度传感器	探头式	EE210	0.1℃	0～60℃
空气相对湿度传感器	探头式	EE210	±0.5%	0～100%
空气流量传感器	压差式	C310-BO	±0.5%	0～600m³/h
功率计	直接式	CW240	±0.5%	0～3kW

数据采集与输出控制系统采用美国国家仪器有限公司（National Instruments）提供的 NI cRIO-9074 智能实时控制器和 LabVIEW 开发软件搭建而成，通过嵌入各种 I/O 模块来实现运行数据的输入与输出，如图 2.5 所示，它们分别是型号为 NI9219、NI9205 和 NI9264 输入输出模块，分别用来接收温度电阻

信号、接收 0～10V 电压信号和输出 0～10V 电压控制信号。图 2.6 展示了基于
LabVIEW 开发的溶液除湿空调系统监测与控制软件界面。

图 2.5 数据采集与输出控制系统硬件

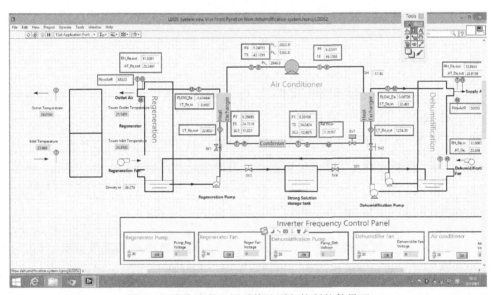

图 2.6 溶液除湿空调系统监测与控制软件界面

2.4 溶液除湿空调的性能参数

对于固定尺寸和设备型号的溶液除湿空调系统来说，不同运行工况下系统的

性能有所不同，这就需要提出性能参数对溶液除湿空调系统的运行状况进行评估。由于设计的新型溶液除湿系统中除湿器和再生器运行相对比较独立，本书针对除湿器和再生器分别提出性能指标来评估其性能。通常针对除湿器比较常见的性能评价参数为除湿量和除湿效率，对于再生器则采用再生量作为其性能参数。

除湿量：除湿量为单位时间内除湿器吸收湿空气中的水分的量，反映了除湿器处理空气中湿负荷的能力和速度。除湿量越大，系统处理湿负荷的能力越大。除湿量可以通过以下公式计算得出，即

$$m_d = m_{a,d}(d_{a,din} - d_{a,dout}) \qquad (2\text{-}1)$$

式中，m_d 为除湿器的除湿量，kg/s；$m_{a,d}$ 为除湿器中空气质量流量，kg/s；$d_{a,din}$ 和 $d_{a,dout}$ 分别为除湿器进出口湿空气的含湿量，kg/(kg 干空气)。

除湿效率：除湿效率定义为湿空气经过除湿器内传热传质过程后湿空气含湿量的变化量与湿空气入口含湿量和进口溶液与空气平衡时的含湿量之差的比值。除湿效率代表着除湿器降低空气湿度的能力，除湿效率越高代表除湿器对湿空气中水分的吸收越好、越彻底。其计算公式如下：

$$\eta_d = \frac{d_{a,in} - d_{a,out}}{d_{a,in} - d_{s,in}} \qquad (2\text{-}2)$$

式中，η_d 为除湿器的除湿效率；$d_{s,in}$ 为除湿器进口溶液与空气平衡时湿空气的含湿量，kg/(kg 干空气)。

再生量：再生量与除湿量类似，为单位时间内再生器能够除去溶液中的水分的量。再生量越大则再生器去除溶液水分的能力越大，溶液再生能力越强。再生量的计算公式如下：

$$m_r = m_{a,r}(d_{a,rin} - d_{a,rout}) \qquad (2\text{-}3)$$

式中，m_r 为再生器再生量，kg/s；$m_{a,r}$ 为再生器中空气质量流量，kg/s；$d_{a,rin}$ 和 $d_{a,rout}$ 分别为再生器进、出口再生空气含湿量，kg/(kg 干空气)。

2.5 误差分析

实验系统中，测量温度、流量、湿度等物理量的传感器存在一定的误差，变送器输出的信号通过 Ni cRIO-9074 进行采集记录过程也会引入误差。由于数据采集系统存在的误差很小，可以忽略，本书只考虑传感器测量引起的误差。此

外，除了直接测量的物理量存在误差，一些通过直接测量变量表示的间接测量变量，如除湿量和再生量，也存在合成误差。根据误差传递原理[1,2]，如果间接测量参数 $Y = f(x)$（其中 $x = \begin{bmatrix} x_1 & x_2 & \cdots & x_n \end{bmatrix}$ 为直接测量参数），则其合成相对误差计算表达式为

$$\frac{\delta Y}{Y} = \left| \frac{\partial f}{\partial x_1} \right| \frac{\delta x_1}{Y} + \left| \frac{\partial f}{\partial x_2} \right| \frac{\delta x_2}{Y} + \cdots + \left| \frac{\partial f}{\partial x_n} \right| \frac{\delta x_n}{Y} \tag{2-4}$$

直接测量变量的误差可以根据表 2.2 中相关传感器的测量误差来确定。接下来主要分析除湿量和再生量的合成误差。根据式(2-1) 除湿量的计算表达式，可以得到除湿量相对误差的表达式为

$$\frac{\delta m_d}{m_d} = \frac{\delta m_{a,d}}{m_{a,d}} + \frac{\delta \Delta d_d}{\Delta d_d} \tag{2-5}$$

式中，$\Delta d_d = d_{a,din} - d_{a,dout}$，为除湿器进出口湿空气含湿量的差，kg/(kg 干空气)。

（1）$\dfrac{\delta m_{a,d}}{m_{a,d}}$ 项误差

空气质量测量可以通过测量空气体积流量与空气密度相乘得到。实验系统中采用的风量仪可得到的空气体积流量 V 的误差限为 $\pm 3 \mathrm{m^3/h}$，实验过程中除湿器中最大空气体积流量为 $330 \mathrm{m^3/h}$，最小为 $130 \mathrm{m^3/h}$。

$$\left(\frac{\delta m_{a,d}}{m_{a,d}} \right)_{\min} = \left(\frac{\delta V}{V} \right)_{\min} = \frac{3}{330} = 0.91\% \tag{2-6}$$

$$\left(\frac{\delta m_{a,d}}{m_{a,d}} \right)_{\max} = \left(\frac{\delta V}{V} \right)_{\max} = \frac{3}{130} = 2.31\% \tag{2-7}$$

（2）$\dfrac{\delta \Delta d_d}{\Delta d_d}$ 项误差

根据湿空气的性质，湿空气含湿量的表达式为

$$d = 0.622 \frac{\varphi p_s(t)}{p - \varphi p_s(t)} \tag{2-8}$$

式中，φ 为湿空气的相对湿度，%；$p_s(t)$ 为水蒸气在温度 t 时的饱和蒸汽压，Pa，其关系式可通过分析水蒸气饱和气压标准数据得到；p 为环境总压，Pa。由此可以推导出 δd 的表达式，即

$$\delta d = 0.622 p \frac{\varphi p'_s(t)\Delta t + p_s(t)\Delta\varphi}{[p-\varphi p_s(t)]^2} \qquad (2-9)$$

除湿器在工作过程中，湿空气的含湿量的误差最小条件为：进口空气温度、相对湿度分别为 30.1℃，71.8%，出口空气温度、相对湿度分别为 26.0℃，31.7%。代入上式可得

$$\left(\frac{\delta\Delta d}{\Delta d}\right)_{min} = \frac{1.12\times10^{-4}}{1.28\times10^{-2}} = 0.88\% \qquad (2-10)$$

含湿量相对误差最大的条件为：进口空气温度、相对湿度分别为 29.5℃，59.6%，出口空气温度、相对湿度分别为 21.2℃，46.8%。代入式(2-9) 可得

$$\left(\frac{\delta\Delta d}{\Delta d}\right)_{max} = \frac{1.02\times10^{-4}}{8.22\times10^{-3}} = 1.24\% \qquad (2-11)$$

综上所述，除湿量的合成相对误差分析结果为

$$\left(\frac{\delta m_d}{m_d}\right)_{min} = \left(\frac{\delta m_{a,d}}{m_{a,d}}\right)_{min} + \left(\frac{\delta\Delta d_d}{\Delta d_d}\right)_{min} = 1.79\% \qquad (2-12)$$

$$\left(\frac{\delta m_d}{m_d}\right)_{max} = \left(\frac{\delta m_{a,d}}{m_{a,d}}\right)_{max} + \left(\frac{\delta\Delta d_d}{\Delta d_d}\right)_{max} = 3.55\% \qquad (2-13)$$

再生量与除湿量类似，经计算其合成相对误差分析结果为

$$\left(\frac{\delta m_r}{m_r}\right)_{min} = \left(\frac{\delta m_{a,r}}{m_{a,r}}\right)_{min} + \left(\frac{\delta\Delta d_r}{\Delta d_r}\right)_{min} = 2.81\% \qquad (2-14)$$

$$\left(\frac{\delta m_r}{m_r}\right)_{max} = \left(\frac{\delta m_{a,r}}{m_{a,r}}\right)_{max} + \left(\frac{\delta\Delta d_r}{\Delta d_r}\right)_{max} = 4.68\% \qquad (2-15)$$

2.6 本章小结

本章从能源利用率、除湿/再生效率和应用范围方面分析了现有溶液除湿空调系统的局限性。同时改进溶液除湿空调系统流程工艺，提出了一种具有热回收和能量存储功能及混合运行模型的高效节能型溶液除湿空调系统。与现有系统相比，设计的溶液除湿空调系统在能源利用率、系统效率和应用范围方面均有提升。搭建了新型溶液除湿空调系统实验平台，包含除湿器、再生器、填料、热管回收器、存储罐和数据采集与输出控制系统，选取和布置了相应的传感器和变送

器来测量湿空气温度、湿度、流量和溶液温度、流量、浓度等变量，同时分析了测量系统直接测量变量的相对误差，除湿量、再生量两个间接测量变量的合成相对误差，经分析得除湿量的合成相对误差为 $1.79\%\sim3.55\%$，再生量的合成相对误差为 $2.81\%\sim4.68\%$。本章设计的新型溶液除湿空调系统，由于采用了混合运行模式和存储罐，除湿器和再生器运行相对独立，互相之间影响很小。对整个系统建模和优化研究可以通过分别对除湿器和再生器进行建模和优化的研究来开展。因此本书后面的章节分别针对除湿器和再生器进行传热传质模型、系统运行优化策略等方面的研究。

参考文献

[1]　费业泰. 误差理论与数据处理 [M]. 北京：机械工业出版社，2000.

[2]　吴石林，张玘. 误差分析与数据处理 [M]. 北京：清华大学出版社，2010.

第三章

溶液除湿空调系统稳态混合模型

3.1 概述

在除湿器和再生器内，空气和溶液之间不断进行着热量传递和水分传递过程，其传递速率的大小直接决定着溶液除湿空调系统的性能。要针对溶液除湿空调系统进行实时运行优化策略研究，需要对系统的除湿和再生性能进行计算与评估，所以对除湿器和再生器内传热传质过程的研究和建模是必不可少的。现有的研究主要是建立传热传质过程数学机理模型，运用数值计算方法分析系统除湿和再生的传热传质特性，目前采用的方法多数为有限差分模型法、NTU-Le 方法和代数拟合法[1]。这些方法虽然能准确描述系统传热传质特性，对系统设计和性能评估分析有一定指导作用，但模型十分复杂，且需要大量迭代计算，不适用于系统实时性能评估和运行优化等问题的研究。为此，本章分析溶液除湿空调系统特点，基于合理的假设，从传热传质理论分析建立了形式简单、计算复杂度低、无需迭代计算、能准确地预测除湿器和再生器性能的传热传质混合稳态模型，该模型可以应用在溶液除湿空调系统的性能预测及实时优化等领域。

3.2　除湿器传热传质混合模型研究

3.2.1　除湿器和再生器传热传质物理模型

图 3.1 给出了除湿器和再生器内部传热传质过程的抽象物理模型图。由双膜模型理论[2-6]，喷淋而下的溶液在填料表面形成一层液膜，而上升的空气流则在与溶液接触面处形成一层气膜，液膜与气膜之间存在相界面。在传热过程中，热量从空气主体经过气膜以对流传热方式传到相界面，再通过热传导方式穿过相界面，最后以对流传热方式通过液膜传到溶液主体。同样，在传质过程中，空气中水蒸气则分别通过空气与相界面的对流传质、相界面上的溶解扩散、相界面与溶液的对流传质三个过程后传递到溶液主体中。

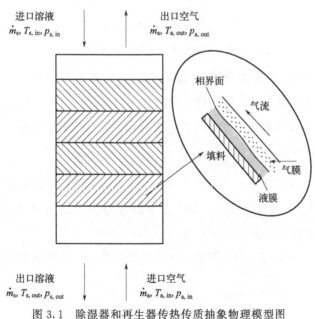

图 3.1　除湿器和再生器传热传质抽象物理模型图

为了简化模型和计算，同时不失合理性，需要做以下假设[7-8]：

① 除湿塔是绝热塔，与外界环境无热量交换；

② 忽略除湿剂的蒸发；

③ 传热传质过程处于稳定状态；

④ 传热面积和传质面积相等；

⑤ 忽略传质过程引起的溶液和空气质量的变化。

3.2.2 除湿器传热传质混合模型

除湿器以空气和溶液之间的温度差作为传热推动力，以它们之间的水蒸气分压差作为传质推动力。根据传热传质理论，可以建立空气与溶液传热传质的控制方程。

空气与溶液之间的传热速率方程为

$$Q_d = h_{o,d} A_{o,d} (T_{a,d} - T_{s,d}) \tag{3-1}$$

式中，Q_d 为除湿器内的传热速率，W；$h_{o,d}$ 为除湿器内总传热系数，W/(m^2·℃)；$A_{o,d}$ 为除湿器内总传热面积，m^2；$T_{a,d}$，$T_{s,d}$ 分别为湿空气和溶液的温度，℃。

空气与溶液之间的传质速率方程为

$$N_d = K_{o,d} A_{o,d} (p_{a,d} - p_{s,d}^*) \tag{3-2}$$

式中，N_d 为溶液吸收水分的速率，即传质速率，mol/s；$K_{o,d}$ 为除湿器内的以气相水蒸气分压差为总传质推动力的总传质系数，mol/(m^2·s·Pa)；$p_{a,d}$，$p_{s,d}^*$ 分别为湿空气水蒸气分压和溶液表面水蒸气分压，Pa。

根据质量守恒原理，湿空气含湿量变化等于溶液吸收水分量，即

$$m_{a,d} \Delta d_{a,d} = \Delta m_{s,d} = M_w N_d \tag{3-3}$$

式中，$m_{a,d}$ 为除湿器内湿空气质量流量，kg/s；$\Delta d_{a,d}$ 为除湿器进出口湿空气含湿差，kg/(kg 干空气)；$\Delta m_{s,d}$ 为除湿器进出口溶液质量变化，kg/s；M_w 为水的摩尔质量，0.018kg/mol。

根据能量守恒原理，由于除湿器内为冷却过程，溶液焓的增加量等于湿空气焓的减少量，即

$$m_{a,d} \Delta H_{a,d} = m_{s,d} \Delta H_{s,d} = Q_d + \lambda_w M_w N_d \tag{3-4}$$

式中，$\Delta H_{a,d}$ 为除湿器进出口湿空气焓差，kJ/(kg 干空气)；$\Delta H_{s,d}$ 为除湿器进出口溶液的焓差，kJ/kg；λ_w 为水汽化潜热，kJ/kg。

根据双膜理论，相界面传热传质阻力可以忽略不计，在相界面处气、液处于动态平衡状态[10]。所以除湿器的整体传热传质阻力可以分别由湿空气侧和溶液侧的对流传热传质阻力表示，即

$$R_{h,d} = R_{a,d} + R_{s,d} \tag{3-5}$$

$$C_{m,d} = C_{a,d} + C_{s,d} \tag{3-6}$$

式中，$R_{h,d}$、$R_{a,d}$ 和 $R_{s,d}$ 分别为除湿器总传热热阻、湿空气侧传热热阻和溶液侧传热热阻，℃/W；$C_{m,d}$、$C_{a,d}$ 和 $C_{s,d}$ 分别为除湿器总传质阻力、湿空气侧传质阻力和溶液侧传质阻力，$(m^2 \cdot s \cdot Pa)/mol$。

将传热热阻定义式 $R = \dfrac{1}{hA}$，气相压力差为推动力的传质阻力定义式 $C_a = \dfrac{1}{k_a}$ 和液相物质的量浓度差为推动力的传质阻力定义式 $C_s = \dfrac{1}{k_s}$，分别代入式(3-5) 和式(3-6)，可得出[4,11]

$$h_{o,d} A_{o,d} = \frac{h_{a,d} A_{a,d} h_{s,d} A_{s,d}}{h_{a,d} A_{a,d} + h_{s,d} A_{s,d}} \tag{3-7}$$

$$K_{o,d} = \frac{H k_{a,d} k_{s,d}}{k_{a,d} + H k_{s,d}} \tag{3-8}$$

式中，$h_{a,d}$ 和 $h_{s,d}$ 分别为除湿器内湿空气和除湿剂溶液的对流传热系数，$W/(m^2 \cdot ℃)$；$A_{a,d}$ 和 $A_{s,d}$ 分别为除湿器内湿空气对流传热面积和除湿剂溶液对流传热面积，m^2；$k_{a,d}$ 为除湿器内以气相水蒸气分压差为推动力的分传质系数，$mol/(m^2 \cdot s \cdot Pa)$；$k_{s,d}$ 为除湿器内以除湿剂溶液内水分量的物质的量浓度差为推动力的分传质系数，$mol/[m^2 \cdot s \cdot (mol/m^3)]$，即 m/s；$H$ 为亨利定律中的溶解度系数，$mol/(m^3 \cdot Pa)$。

通过因次分析法，可以得到传热过程中努赛尔准数、雷诺准数和普兰特准数间的关系[12-14] 如下：

$$\frac{hL}{\lambda} = d_1 \left(\frac{L \rho \upsilon}{\mu} \right)^{e_1} \left(\frac{C_p \mu}{\lambda} \right)^{f_1} \tag{3-9}$$

式中，h 为流体对流传热系数，$W/(m^2 \cdot ℃)$；L 为流体流过填料表面的特征长度，m；λ 为流体的导热系数，$W/(m^2 \cdot ℃)$；ρ 为流体密度，kg/m^3；υ 为流体平均流动速度，m/s；μ 为流体黏度，$Pa \cdot s$；C_p 为流体定压比热容，$J/(kg \cdot ℃)$；d_1、e_1 和 f_1 为待定系数。

在填料高度一定的除湿器内，特征长度 L 可以认为是常数。虽然除湿过程中空气中水蒸气被溶液吸收导致空气成分发生变化，但此过程空气的热力学性质如导热系数 λ、黏度 μ 和定压比热容 C_p 变化很小，可以认为以上物理量在除湿过程中保持不变。当结构组成一定及运行工况变化范围不大时，除湿器内湿空气和溶液传热过程中式(3-9)中的系数 d_1、e_1 和 f_1 可以认为不变。对于截面一定的除湿器，流体流量可以通过 $m=\rho v S$ 来表示。通过集中参数分析法，式(3-9)可以简化为

$$h=d_1\lambda^{1-f_1}L^{e_1-1}\mu^{f_1-e_1}C_p^{f_1}\left(\frac{m}{S}\right)^{e_1}=bm^{e_1} \tag{3-10}$$

式中，S 为除湿器的截面积，m^2；$b=d_1\lambda^{1-f_1}e_1^{-1}\mu^{f_1-e_1}C_p^{f_1}S^{-e_1}$，为集中参数。将式(3-10)分别运用在除湿器的湿空气和溶液两种流体中，即

$$h_{a,d}=b_1m_{a,d}^{e_1} \tag{3-11}$$

$$h_{s,d}=b_2m_{s,d}^{e_1} \tag{3-12}$$

并将以上两式与式(3-7)联立，可得

$$h_{o,d}A_{o,d}=\frac{b_2A_{s,d}m_{s,d}^{e_1}}{1+\frac{b_2A_{s,d}}{b_1A_{a,d}}\left(\frac{m_{s,d}}{m_{a,d}}\right)^{e_1}} \tag{3-13}$$

式中，b_1 和 b_2 分别是除湿器内针对湿空气和溶液两种流体的集中参数。令 $c_{1,d}=b_2A_{s,d}$，$c_{2,d}=\frac{b_2A_{s,d}}{b_1A_{a,d}}$，$c_{3,d}=e_1$，并将式(3-13)和式(3-1)联立可以得出除湿器内湿空气与溶液的传热速率方程为

$$Q_d=\frac{c_{1,d}m_{s,d}^{c_{3,d}}}{1+c_{2,d}\left(\frac{m_{s,d}}{m_{a,d}}\right)^{c_{3,d}}}(T_{a,d}-T_{s,d}) \tag{3-14}$$

针对除湿器内湿空气与溶液间的传质过程，同样可以得到类似传热过程无因次准数间的关系。Onda 经过分析大量实验数据得出填料塔内气相传质系数的恩田经验关联式[15]。

$$\frac{k_aRT_a}{\alpha D_a}=d_2\left(\frac{G_a}{\alpha\mu_a}\right)^{0.7}\left(\frac{\mu_a}{\rho_aD_a}\right)^{1/3}(\alpha d_p)^{-2} \tag{3-15}$$

式中，R 为摩尔气体常数，$8.314J/(mol\cdot℃)$；α 为单位体积填料总表面积，即填料比表面积，m^2/m^3；D_a 为水蒸气在空气中扩散系数，m^2/s；G_a 为湿空气质量流量，$kg/(m^2\cdot s)$；μ_a 为湿空气黏度，$Pa\cdot s$；ρ_a 为湿空气密度，kg/m^3；d_p 为填料名义尺寸，m。

填料塔内液相传质系数关联式[15]为

$$k_s\left(\frac{\rho_s}{\mu_s g}\right)^{1/3}=d_3\left(\frac{G_s}{\alpha_w \mu_s}\right)^{2/3}\left(\frac{\mu_s}{\rho_s D_s}\right)^{-1/3}(\alpha d_p)^{0.4} \tag{3-16}$$

式中，ρ_s 为溶液密度，kg/m^3；μ_s 为溶液黏度，$Pa \cdot s$；g 为重力加速度，$9.81 m/s^2$；G_s 为溶液质量流量，$kg/(m^2 \cdot s)$；α_w 为所用填料单位体积湿润面积，m^2/m^3。式(3-15) 和式(3-16) 所表示的恩田关联模型在放大应用中存在 30%～50%的偏差[16]。本书为了提高建模的精确性，只采用恩田关联模型中无因次准数间的形式，用待定的无量纲系数来代替关联模型中的经验数值，同时将 $G_a=\dfrac{m_a}{S}$ 和 $G_s=\dfrac{m_s}{S}$ 分别代入式(3-15) 和式(3-16)，得

$$k_a=d_2\left(\frac{m_a}{\alpha \mu_a S}\right)^{e_2}\left(\frac{\mu_a}{\rho_a D_a}\right)^{f_2}(\alpha d_p)^{g_2}\frac{\alpha D_a}{R T_a} \tag{3-17}$$

$$k_s=d_3\left(\frac{m_s}{\alpha_w \mu_s S}\right)^{e_3}\left(\frac{\mu_s}{\rho_s D_s}\right)^{f_3}(\alpha d_p)^{g_3}\left(\frac{\rho_s}{\mu_s g}\right)^{j_3} \tag{3-18}$$

式中，d_2、e_2、f_2 和 g_2 是针对除湿器内湿空气的对流传质系数的待定系数；d_3、e_3、f_3、g_3 和 j_3 是针对除湿器内溶液的对流传质系数的待定系数。

当除湿器结构一定及运行工况变化范围不大时，上述待定系数可以认为是常数。同样除湿器的截面积 S、填料的比表面积 α、湿润比表面积 α_w 和填料名义尺寸 d_p 也可以假设不变。流体热力学性质参数如黏度 μ、扩散系数 D、密度 ρ 均随着流体的温度变化而变化，但考虑到除湿器内湿空气和溶液的温度变化范围不大，对以上物理量的影响有限，可以假设不变[17]。因此通过集中参数分析法，式(3-17) 和式(3-18) 可以简化为

$$k_{a,d}=b_3\frac{m_{a,d}^{e_2}}{T_{a,d}} \tag{3-19}$$

$$k_{s,d}=b_4 m_{s,d}^{e_3} \tag{3-20}$$

式中，$b_3=d_2\left(\dfrac{1}{\alpha \mu_a S}\right)^{e_2}\left(\dfrac{\mu_a}{\rho_a D_a}\right)^{f_2}(\alpha d_p)^{g_2}\dfrac{\alpha D_a}{R}$ 为湿空气在除湿器内对流传质系数的待定集中参数；$b_4=d_3\left(\dfrac{1}{\alpha_w \mu_s S}\right)^{e_3}\left(\dfrac{\mu_s}{\rho_s D_s}\right)^{f_3}(\alpha d_p)^{g_3}\left(\dfrac{\rho_s}{\mu_s g}\right)^{j_3}$ 为溶液在除湿器内对流传质系数的待定集中参数。将式(3-19) 和式(3-20) 代入式(3-8) 并与式(3-2) 联立得

$$N_d = \frac{H b_3 b_4 m_{a,d}^{e_2} m_{s,d}^{e_3}}{b_3 m_{a,d}^{e_2} + H b_4 T_{a,d} m_{s,d}^{e_3}} A_{o,d} (p_{a,d} - p_{s,d}^*) \tag{3-21}$$

令 $c_{4,d} = H b_4 A_{o,d}$，$c_{5,d} = \dfrac{H b_4}{b_3}$，$c_{6,d} = e_3$ 和 $c_{7,d} = -e_2$，可得除湿器内传质速率方程为

$$N_d = \frac{c_{4,d} m_{s,d}^{c_{6,d}}}{1 + c_{5,d} T_{a,d} m_{s,d}^{c_{6,d}} m_{a,d}^{c_{7,d}}} (p_{a,d} - p_{s,d}^*) \tag{3-22}$$

式中，N_d 为除湿器内传质速率，传质推动力为湿空气水蒸气分压和溶液表面水蒸气分压之差。考虑到实际运行过程中，无法直接测量水蒸气分压和溶液表面水蒸气分压的值。由空气相对湿度的定义[11,18]，湿空气中水蒸气分压可以表示为湿空气相对湿度与该温度下水饱和蒸气压的积，即

$$p_a = \varphi_a p_{a,\text{sat}} \tag{3-23}$$

水饱和蒸气压仅与温度有关。正常工作时除湿器中湿空气温度变化范围为 15～35℃，从标准数据库中可查得该温度范围内水饱和蒸气压数据，将温度数据与饱和蒸汽压数据进行多项式拟合，得到如下经验关系式，即

$$p_{a,\text{sat}} = \alpha_2 T_a^2 + \alpha_1 T_a + \alpha_0 \tag{3-24}$$

式中，$p_{a,\text{sat}}$ 为 15～35℃ 温度范围内水饱和蒸气压，Pa；α_0、α_1 和 α_2 为该经验关系式的待定系数。由前人的研究结果分析可知，溶液表面水蒸气分压与溶液的温度和浓度都有关系。溶液温度越低，浓度越高，则表面水蒸气分压越低。本研究搭建的实验平台使用氯化锂作为除湿剂材料，M. R. Conde 针对该种除湿剂材料总结大量的实验结果，得出了氯化锂水溶液在不同温度和浓度条件下的表面水蒸气分压[19]，提出了以下方法表示氯化锂溶液表面水蒸气分压。

$$p_s(\xi, T_s) = \varepsilon_{\text{licl}} (A + B\theta) p_{\text{H}_2\text{O}}(T_s) \tag{3-25}$$

式中，$p_s(\xi, T_s)$ 为氯化锂溶液在浓度为 ξ、温度为 T_s 的条件下的表面水蒸气分压，Pa；$\varepsilon_{\text{licl}}$、$A$ 和 B 为待定系数；θ 为氯化锂溶液温度与水临界温度的比值，$\theta = \dfrac{T_s}{T_{c,\text{H}_2\text{O}}}$（本书水的临界温度取值为 674K）；$p_{\text{H}_2\text{O}}(T_s)$ 为纯水在温度为 T_s 时表面水蒸气分压，Pa。上式中 $\varepsilon_{\text{licl}}$、$A$、$B$ 和 $p_{\text{H}_2\text{O}}(T_s)$ 可以分别通过以下式子确定。

$$\varepsilon_{\text{licl}} = 1 - \left[1 + \left(\frac{\xi}{\varepsilon_0}\right)^{\varepsilon_1}\right]^{\varepsilon_2} - \varepsilon_3 e^{-\frac{(\xi - 0.1)^2}{0.005}} \tag{3-26}$$

$$A = 2 - \left[1 + \left(\frac{\xi}{\epsilon_4} \right)^{\epsilon_5} \right]^{\epsilon_6} \tag{3-27}$$

$$B = \left[1 + \left(\frac{\xi}{\epsilon_7} \right)^{\epsilon_8} \right]^{\epsilon_9} - 1 \tag{3-28}$$

$$\ln\left(\frac{p_{H_2O}(T_s)}{p_{c,H_2O}} \right) = \frac{A_0 \tau + A_1 \tau^{1.5} + A_2 \tau^3 + A_3 \tau^{3.5} + A_4 \tau^4 + A_5 \tau^{7.5}}{1 - \tau} \tag{3-29}$$

式中，p_{c,H_2O} 为纯水在临界状态下的表面水蒸气分压，Pa；$\tau = 1 - \theta$；$\epsilon_0 \sim \epsilon_9$ 和 $A_0 \sim A_5$ 为式（3-25）中拟合参数。Conde M. R. 总结大量实验数据，给出了它们的拟合值，如表 3.1 和表 3.2 所示。

表 3.1　氯化锂溶液表面水蒸气分压方程中各参数的值

项目	ϵ_0	ϵ_1	ϵ_2	ϵ_3	ϵ_4	ϵ_5	ϵ_6	ϵ_7	ϵ_8	ϵ_9
参数值	0.28	4.3	0.6	0.21	5.1	0.49	0.362	-4.75	-0.4	0.03

表 3.2　纯水表面水蒸气分压方程中各系数的值

项目	A_0	A_1	A_2	A_3	A_4	A_5
参数值	-7.85823	1.83991	-11.7811	22.6705	-15.9393	1.77516

M. R. Conde 总结的经验公式形式比较复杂。为了简化计算，本书在氯化锂溶液温度范围为 15～35℃，浓度范围为 27%～40% 时分别计算得出相应的溶液表面水蒸气分压进行多项式拟合，得到氯化锂溶液表面水蒸气分压与溶液温度及浓度之间的关系，即

$$p_s^*(\xi, T_s) = \beta_0 + \beta_1 T_s + \beta_2 \xi + \beta_3 T_s^2 + \beta_4 \xi^2 + \beta_5 T_s \xi \tag{3-30}$$

式中，$\beta_0 \sim \beta_5$ 为氯化锂溶液在给定溶液温度及浓度下的多项式拟合参数。

通过运用质量和能量守恒原理，可以得出除湿器出口的空气温度及含湿量，即

$$T_{a,out} = T_{a,in} - \frac{Q_d}{c_a m_{a,d}} \tag{3-31}$$

$$d_{a,out} = d_{a,in} - \frac{M_w N_d}{m_{a,d}} \tag{3-32}$$

综上所述，除湿器内湿空气与溶液之间的传热传质过程可以通过式（3-14）和式（3-22）组成的混合模型来描述，并得出除湿器出口的空气温度和含湿量。该模型采用除湿塔可测量的运行变量作为模型输入变量，如湿空气的进塔温度、相对湿度和质量流量及溶液进塔温度、浓度和质量流量。此外，模型有 7 个待定

参数 $c_{1,d} \sim c_{7,d}$，需要结合除湿器的历史运行数据通过参数方法进行辨识，确定待定参数后，该混合模型可以描述溶液除湿空调系统除湿器内传热传质过程，预测除湿器的空气降温和除湿性能，应用在系统实时运行优化领域。

3.2.3 除湿器传热传质混合模型参数辨识

本书建立的混合模型，运用传热传质的基本原理，将过程中无法测量与确定的复杂参数（如总体传热系数、总体传质系数）通过可以直接测量的变量进行表示；对于无法直接测量的流体热力学性质如流体黏度、比热容、扩散系数等，在工作范围内合理地假设为常数，再用集中参数分析法进行化简；与除湿器尺寸有关的变量，如除湿塔的截面积、填料比表面积、填料湿润比表面积、填料名义尺寸等不随运行状态发生变化的变量也视为常数。最终得出 7 个待定参数 $c_{1,d} \sim c_{7,d}$，同时结合除湿器历史运行数据，通过参数辨识算法进行辨识。本书采用非线性最小二乘算法来辨识待定参数。

假设选取样本容量为 M 的系统运行数据集，$\{\boldsymbol{y}_i, \boldsymbol{x}_i\}_{i=1}^{M}$，这里 $\boldsymbol{y}_i = \{Q_{d,i}, N_{d,i}\}$，$\boldsymbol{x}_i = \{T_{a,d,i}, \varphi_{a,d,i}, m_{a,d,i}, T_{s,d,i}, \xi_{s,d,i}, m_{s,d,i}\}$。在样本中，将实验测量得到的传热速率与模型预测传热速率残差平方和、实验测量得到的传质速率与模型预测传质速率残差平方和分别定义为两个目标函数，参数辨识过程可以视为一个优化过程，如式（3-33）所示。待定参数辨识可以认为是寻找优化的参数 $c_{1,d} \sim c_{7,d}$ 分别使两个目标函数最小的过程。

$$\min \quad f_1(\boldsymbol{u}_1) = \sum_{i=1}^{M} r_{1,i}^2(\boldsymbol{u}_1) = \sum_{i=1}^{M} \left[\frac{c_{1,d} m_{s,d,i}^{c_{3,d}}}{1 + c_{2,d} \left(\dfrac{m_{s,d,i}}{m_{a,d,i}} \right)^{c_{3,d}}} (T_{a,d,i} - T_{s,d,i}) - Q_{d,i} \right]^2$$

$$f_2(\boldsymbol{u}_2) = \sum_{i=1}^{M} r_{2,i}^2(\boldsymbol{u}_2) = \sum_{i=1}^{M} \left[\frac{c_4 m_{s,d,i}^{c_{6,d}}}{1 + c_{5,d} T_{a,d,i} m_{s,d,i}^{c_{6,d}} m_{a,d,i}^{c_{7,d}}} (p_{a,d,i} - p_{s,d,i}^*) - N_{d,i} \right]^2$$

$$\text{s.t.} \quad c_{1,d} > 0, c_{2,d} > 0$$
$$c_{4,d} > 0, c_{5,d} > 0 \tag{3-33}$$

式中，$f_1(\boldsymbol{u}_1)$ 和 $f_2(\boldsymbol{u}_2)$ 分别为传热过程和传质过程参数辨识的目标函数，$r_{1,i}(\boldsymbol{u}_1)$ 和 $r_{2,i}(\boldsymbol{u}_2)$ 分别为传热过程和传质过程的残差；$\boldsymbol{u}_1 = \begin{bmatrix} c_{1,d} & c_{2,d} & c_{3,d} \end{bmatrix}^{\mathrm{T}}$ 和 $\boldsymbol{u}_2 = \begin{bmatrix} c_{4,d} & c_{5,d} & c_{6,d} & c_{7,d} \end{bmatrix}^{\mathrm{T}}$ 分别为传热方程和传质方程中待辨识参数组成的

向量。式(3-33) 中的湿空气水蒸气分压 $p_{a,d}$ 和除湿剂溶液表面水蒸气分压 $p_{a,d}^*$ 可以通过 3.2.2 节中拟合出的式(3-23)、式(3-24) 和式(3-30) 计算得出。

为了得到这一优化问题的解，本书采用 Levenberg-Marquardt 算法在可行域内搜索优化的辨识参数[20,21]。该算法属于一种"信赖域法"，是梯度下降法与 Gauss-Newton 方法的结合。在每一次迭代求解过程中都在以当前点为中心，以 r 为半径的可信赖区域寻找目标函数最优值来确定搜索的位移，从而保证迭代过程中目标函数值是下降的。与 Gauss-Newton 方法相比，Levenberg-Marquardt 算法通过引入可变参数 λ 来保证迭代过程的继续[22,23]。每次迭代中，需要通过以下式子确定迭代步长 $\boldsymbol{d}_1^{(k)}$ 和 $\boldsymbol{d}_2^{(k)}$，即

$$[\boldsymbol{J}_1^{(k)}(\boldsymbol{u}_1)^{\mathrm{T}}\boldsymbol{J}_1^{(k)}(\boldsymbol{u}_1)+\lambda_1^{(k)}\boldsymbol{I}_{3\times3}]\boldsymbol{d}_1^{(k)}=-\boldsymbol{J}_1^{(k)}(\boldsymbol{u}_1)\boldsymbol{R}_1^{(k)}(\boldsymbol{u}_1)$$
$$[\boldsymbol{J}_2^{(k)}(\boldsymbol{u}_2)^{\mathrm{T}}\boldsymbol{J}_2^{(k)}(\boldsymbol{u}_2)+\lambda_2^{(k)}\boldsymbol{I}_{4\times4}]\boldsymbol{d}_2^{(k)}=-\boldsymbol{J}_2^{(k)}(\boldsymbol{u}_2)\boldsymbol{R}_2^{(k)}(\boldsymbol{u}_2) \tag{3-34}$$

式中，$\lambda_1^{(k)}$ 和 $\lambda_2^{(k)}$ 分别为第 k 次迭代时的步长调整参数，该值需大于 0；$\boldsymbol{I}$ 在两个方程中分别为 3 阶单位矩阵和 4 阶单位矩阵；$\boldsymbol{R}_1^{(k)}(\boldsymbol{u}_1)=[r_{1,1}^{(k)}(\boldsymbol{u}_1)\ r_{1,2}^{(k)}(\boldsymbol{u}_1)\cdots r_{1,M}^{(k)}(\boldsymbol{u}_1)]^{\mathrm{T}}$；$\boldsymbol{R}_2^{(k)}(\boldsymbol{u}_2)=[r_{2,1}^{(k)}(\boldsymbol{u}_2)\ \ r_{2,2}^{(k)}(\boldsymbol{u}_2)\cdots r_{2,M}^{(k)}(\boldsymbol{u}_2)]^{\mathrm{T}}$；$\boldsymbol{J}_1^{(k)}(\boldsymbol{u}_1)$ 和 $\boldsymbol{J}_2^{(k)}(\boldsymbol{u}_2)$ 分别为第 k 次迭代时残差函数 $\boldsymbol{R}_1^{(k)}(\boldsymbol{u}_1)$ 和 $\boldsymbol{R}_2^{(k)}(\boldsymbol{u}_2)$ 的雅可比矩阵，即

$$\boldsymbol{J}_1^{(k)}(\boldsymbol{u}_1)=\begin{bmatrix}\dfrac{\partial r_{1,1}^{(k)}}{\partial c_{1,d}}&\dfrac{\partial r_{1,1}^{(k)}}{\partial c_{2,d}}&\dfrac{\partial r_{1,1}^{(k)}}{\partial c_{3,d}}\\\dfrac{\partial r_{1,2}^{(k)}}{\partial c_{1,d}}&\dfrac{\partial r_{1,2}^{(k)}}{\partial c_{2,d}}&\dfrac{\partial r_{1,2}^{(k)}}{\partial c_{3,d}}\\\vdots&\vdots&\vdots\\\dfrac{\partial r_{1,M}^{(k)}}{\partial c_{1,d}}&\dfrac{\partial r_{1,M}^{(k)}}{\partial c_{2,d}}&\dfrac{\partial r_{1,M}^{(k)}}{\partial c_{3,d}}\end{bmatrix} \tag{3-35}$$

$$\boldsymbol{J}_2^{(k)}(\boldsymbol{u}_2)=\begin{bmatrix}\dfrac{\partial r_{2,1}^{(k)}}{\partial c_{4,d}}&\dfrac{\partial r_{2,1}^{(k)}}{\partial c_{5,d}}&\dfrac{\partial r_{2,1}^{(k)}}{\partial c_{6,d}}&\dfrac{\partial r_{2,1}^{(k)}}{\partial c_{7,d}}\\\dfrac{\partial r_{2,2}^{(k)}}{\partial c_{4,d}}&\dfrac{\partial r_{2,2}^{(k)}}{\partial c_{5,d}}&\dfrac{\partial r_{2,2}^{(k)}}{\partial c_{6,d}}&\dfrac{\partial r_{2,2}^{(k)}}{\partial c_{7,d}}\\\vdots&\vdots&\vdots&\vdots\\\dfrac{\partial r_{2,M}^{(k)}}{\partial c_{4,d}}&\dfrac{\partial r_{2,M}^{(k)}}{\partial c_{5,d}}&\dfrac{\partial r_{2,M}^{(k)}}{\partial c_{6,d}}&\dfrac{\partial r_{2,M}^{(k)}}{\partial c_{7,d}}\end{bmatrix} \tag{3-36}$$

每次迭代时，均可以取一个较大的 $\lambda_1^{(k)}$ 和 $\lambda_2^{(k)}$ 使矩阵 $\boldsymbol{J}_1^{(k)}(\boldsymbol{u}_1)^{\mathrm{T}}\boldsymbol{J}_1^{(k)}(\boldsymbol{u}_1)+$ $\lambda_1^{(k)}\boldsymbol{I}_{3\times3}$ 和 $\boldsymbol{J}_2^{(k)}(\boldsymbol{u}_2)^{\mathrm{T}}\boldsymbol{J}_2^{(k)}(\boldsymbol{u}_2)+\lambda_2^{(k)}\boldsymbol{I}_{4\times4}$ 为正定矩阵，从而保证迭代步长 $\boldsymbol{d}_1^{(k)}$ 和 $\boldsymbol{d}_2^{(k)}$ 为负值，使搜索沿着下降的方向进行。当参数 λ 值很大时，算法搜索方向近似为负梯度方向，收敛速度慢；当 λ 值接近 0 时，算法近似为 Gauss-Newton 算法，虽然收敛快，但是容易出现矩阵奇异而使迭代无法进行。因此在算法求解过程中，需要不断调节参数 λ 的值，当迭代成功后可将 λ 进一步缩小，当迭代困难时可将 λ 放大。相应的传热和传质模型的参数辨识步骤如下：

① 输入 M 组运行数据，给定 λ_1、λ_2、$c_{1,\mathrm{d}}\sim c_{7,\mathrm{d}}$、步长缩放因子（$\beta>1$，$0<\gamma<1$）和控制终止常数 ε 的初始值；

② 根据计算得出的 M 阶残差函数 $\boldsymbol{R}_1^{(k)}(\boldsymbol{u}_1)$ 和 $\boldsymbol{R}_2^{(k)}(\boldsymbol{u}_2)$，解式（3-34）得到迭代步长 $\boldsymbol{d}_1^{(k)}$ 和 $\boldsymbol{d}_2^{(k)}$；

③ 若 $f_1^{(k)}(\boldsymbol{u}_1+\boldsymbol{d}_1^{(k)})\geqslant f_1^{(k)}(\boldsymbol{u}_1)$，令 $\lambda_1=\beta\lambda_1$，返回步骤②；

④ 若 $f_2^{(k)}(\boldsymbol{u}_2+\boldsymbol{d}_2^{(k)})\geqslant f_2^{(k)}(\boldsymbol{u}_2)$，令 $\lambda_2=\beta\lambda_2$，返回步骤②；

⑤ 令 $\boldsymbol{u}_1^{(k+1)}=\boldsymbol{u}_1^{(k)}+\boldsymbol{d}_1^{(k)}$，$\boldsymbol{u}_2^{(k+1)}=\boldsymbol{u}_2^{(k)}+\boldsymbol{d}_2^{(k)}$，$\lambda_1=\gamma\lambda_1$，$\lambda_2=\gamma\lambda_2$；

⑥ 若迭代步长小于预先设定的终止常数，$\|\boldsymbol{d}_1^{(k)}\|\leqslant\varepsilon$ 和 $\|\boldsymbol{d}_2^{(k)}\|\leqslant\varepsilon$，则迭代终止，否则回到步骤②继续迭代。

以上传热传质模型参数辨识过程的流程图如图 3.2 所示。

通过以上参数辨识过程，可以确定除湿器内传热传质混合模型中参数 $c_1\sim c_7$ 的值，代入式（3-14）和式（3-22），可以通过除湿器输入变量，如湿空气温度、相对湿度和质量流量，溶液的温度、浓度和质量流量来确定和预测除湿器内传热速率、传质速率以及除湿器出口空气的温度和含湿量，从而对除湿器的除湿性能进行评估。

3.2.4　除湿器传热传质混合模型验证及分析

将设计搭建的溶液除湿空调系统运行一段时间，利用系统中的数据采集与输出控制系统采集得到除湿器运行数据，利用上节介绍的参数辨识方法确定除湿器传热传质混合模型的待定参数（$c_{1,\mathrm{d}}\sim c_{7,\mathrm{d}}$）的值。然后将辨识得到的参数值代入混合模型，结合混合模型的输入数据计算得出除湿器传热速率、传质速率、除湿器出口空气温度和含湿量。引用平均相对误差 MRE（Mean Relative Error），均方根误差 RMSE（Root Mean Square Error）和标准差相对误差 STD_RE

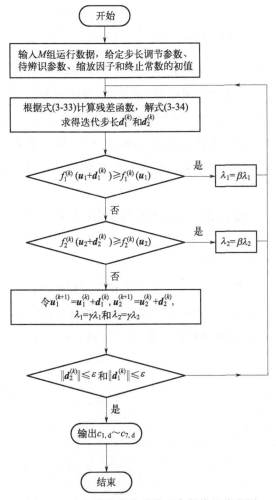

图 3.2　除湿器传热传质模型参数辨识流程图

(Standard Deviation Relative Error) 等统计指标来比较实际测量值和计算预测值，验证建立的混合模型在除湿器传热传质性能预测方面的准确性。

$$RE_i = \frac{|\widetilde{y}_i - y_i|}{y_i} \times 100\% \qquad (3\text{-}37)$$

$$MRE = \frac{\sum\limits_{i=1}^{M} RE_i}{M} \qquad (3\text{-}38)$$

$$RMSE = \sqrt{\frac{\sum\limits_{i=1}^{M} (y_i - \widetilde{y}_i)^2}{M}} \qquad (3\text{-}39)$$

$$STD\_RE = \sqrt{\dfrac{\displaystyle\sum_{i=1}^{M}(RE_i - MRE)^2}{M-1}} \qquad\qquad (3\text{-}40)$$

式中，M 为实验采样点的个数；$\tilde{y}_i$ 和 y_i 分别第 i 个采样数据点对应工况下的预测值和测量值；MRE、$RMSE$ 和 STD_RE 分别为 M 个采样点的平均相对误差、均方根误差和标准差相对误差。本书选择 270 个均匀分布在除湿器工作范围内的实验点（传热速率从 0.2kW 到 1.5kW，传质速率从 0.02mol/s 到 0.08mol/s）来验证建立的混合模型在除湿器传热传质性能预测方面的准确性。

图 3.3 和图 3.4 分别给出了除湿器传热速率和传质速率计算结果与实验结果对比图。图中间的线代表误差为 0，这条线上的点表示计算得到的值恰好与实验测量值相等。0 误差线上下两边的线分别为 +10% 相对误差线和 -10% 相对误差线。图 3.5 和图 3.6 分别给出了每个实验点在除湿器传热速率和传质速率预测的相对误差。从图中可以看出，270 个实验点的预测误差几乎都在 10% 以内。经统计，95.9% 的传热速率预测相对误差在 10% 以内，97.3% 的传质速率预测相对误差在 10% 以内。

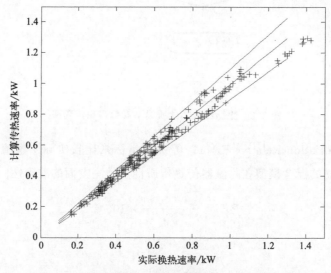

图 3.3　除湿器传热速率计算结果与实验结果对比图

考虑到除湿器出口空气温度和含湿量是除湿器的主要性能指标，本节还对模型预测除湿出口空气温度和含湿量的准确性进行验证。比较结果见图 3.7 和

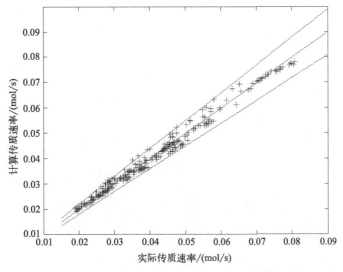

图 3.4　除湿器传质速率计算结果与实验结果对比图

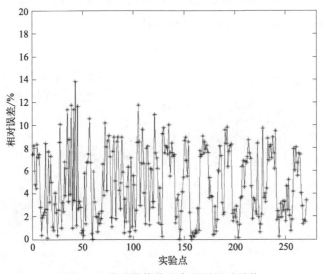

图 3.5　除湿器传热速率预测相对误差

图 3.8。图 3.9 和图 3.10 分别给出了相对应的预测相对误差。从图中可以看出建立的模型对于除湿器出口空气温度和含湿量的预测相对误差约为 15%，比传热速率和传质速率预测的相对误差大，有少部分实验点的误差超过了 15%。这是由于除湿器出口空气温度和湿度是通过传热速率和传质速率结合式(3-31) 和式(3-32) 计算得出的间接测量参数。根据误差传递与累积，可以解释这两个变

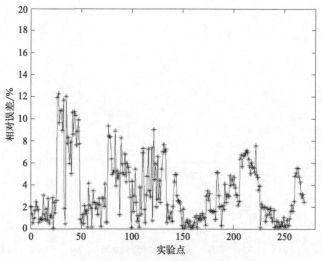

图 3.6 除湿器传质速率预测相对误差

量预测误差要比除湿器内传热速率和传质速率预测误差大。从图 3.7 和图 3.8 中仍然可以看出，混合模型的预测值还是可以紧密跟随实际测量值，充分说明了本节建立的除湿器传热传质混合模型的准确性。

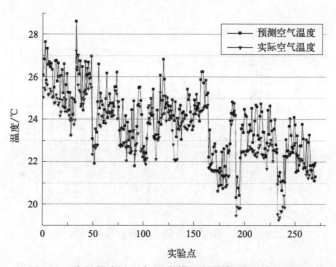

图 3.7 除湿器出口空气温度模型预测与实验结果对比

将除湿器传热速率、传质速率、出口空气含湿量和出口空气温度按式(3-37)～式(3-40) 计算，得出四个性能参数的预测误差指标，见表 3.3。统计结果表明建立的除湿器传热传质混合模型在除湿器性能预测方面具有准确性。

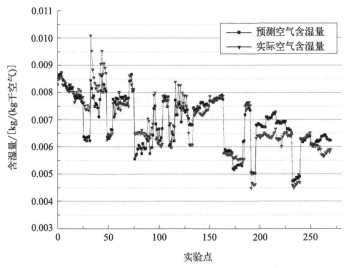

图 3.8　除湿器出口空气含湿量模型预测与实验结果对比

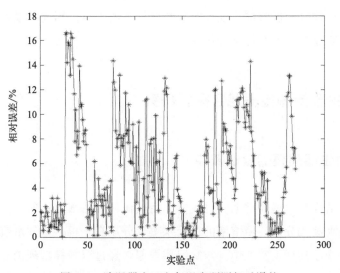

图 3.9　除湿器出口空气温度预测相对误差

表 3.3　除湿器四种性能参数预测的误差指标

性能参数	MRE/%	RMSE	STD_RE/%
传热速率	4.79	0.0400	3.13
传质速率	4.26	0.0018	2.83
出口空气含湿量	5.23	0.0005	4.26
出口空气温度	3.94	1.0934	2.73

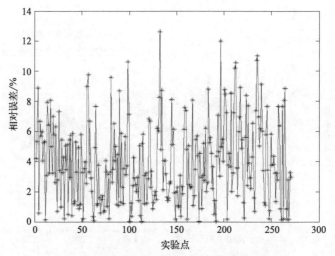

图 3.10　除湿器出口空气含湿量预测相对误差

　　综上所述，本节建立的除湿器传热传质混合模型具有形式简单、计算复杂度低、无需迭代计算、能够准确地预测除湿器性能的特点。因此该模型可以运用在除湿器的性能监测及实时优化等领域。

3.3　再生器传热传质混合模型研究

3.3.1　再生器建模的假设条件

　　再生器结构与除湿器类似。再生器利用热流体加热浓度较低的溶液，提升其温度和表面水蒸气分压，使溶液的表面水蒸气分压高于再生空气水蒸气分压，令水分由溶液传递到再生空气中。与除湿器类似，经过双膜模型理论分析，再生器的传热过程热量从温度较高的溶液通过对流传热传到相界面，再以热传导的形式穿过相界面，最后通过对流传热传递到再生空气中。在传质过程中，溶液中的水分经过溶液与相界面对流传质、相界面上的溶解扩散、相界面与再生空气对流传质三个过程后传递到空气中。为了简化建模过程，本书基于前人的研究提出以下合理的假设[7-9]：

　　① 再生塔是绝热塔，与外界环境无热量交换；

　　② 忽略再生过程中除湿剂溶液的蒸发；

　　③ 再生过程中的传热传质过程处于稳定状态；

④ 传热和传质具有相等的面积；

⑤ 忽略再生传质过程引起的溶液和空气质量的变化。

3.3.2 再生器传热传质混合模型

在再生器内，溶液温度高于再生空气温度，因此热量传递的方向与除湿器相反，从溶液传到再生空气；另外由于温度较高的溶液其表面水蒸气分压也高于再生空气水蒸气分压，水分传递的方向也为从溶液到再生空气。根据传热传质理论，溶液与再生空气之间的传热速率方程如下：

$$Q_r = h_{o,r} A_{o,r} (T_{a,r} - T_{s,r}) \tag{3-41}$$

式中，Q_r 为再生器内传热速率，W；$h_{o,r}$ 为再生器内总传热系数，W/（$m^2 \cdot \mathrm{℃}$）；$A_{o,r}$ 为再生器内总传热面积，m^2；$T_{a,r}$，$T_{s,r}$ 分别为再生空气和溶液温度，℃。

溶液与再生空气之间的水分传质速率方程为

$$N_r = K_{o,r} A_{o,r} (p_{a,r} - p_{s,r}^*) \tag{3-42}$$

式中，N_r 为再生器内溶液吸收水分的速率，即传质速率，mol/s；$K_{o,r}$ 为再生器内以气相水蒸气分压差为总传质推动力的总传质系数，mol/（$m^2 \cdot$ s $\cdot$ Pa）；$p_{a,r}$，$p_{s,r}^*$ 分别为湿空气水蒸气分压和溶液表面水蒸气分压，Pa。

根据质量守恒原理，溶液水分的变化量应等于再生空气含湿量的变化量，即

$$m_{a,r} \Delta d_{a,r} = \Delta m_{s,r} = M_w N_r \tag{3-43}$$

式中，$m_{a,r}$ 为再生器内再生空气质量流量，kg/s；$\Delta d_{a,r}$ 为再生器进出口湿空气含湿量差，kg/（kg 干空气）；$\Delta m_{s,r}$ 为再生器进出口溶液质量变化，kg/s。

根据能量守恒原理，再生器内溶液焓的减少量应等于再生空气焓的增加量，即

$$m_{a,r} \Delta H_{a,r} = m_{s,r} \Delta H_{s,r} = Q_r + \lambda_w M_w N_r \tag{3-44}$$

式中，$\Delta H_{a,r}$ 为再生器进出口再生空气焓差，kJ/（kg 干空气）；$\Delta H_{s,r}$ 为再生器进出口溶液的焓差，kJ/kg。

根据双膜理论，在相界面处气、液达到平衡状态，可以忽略相界面处传热传

质阻力。因此再生器整体传热传质阻力可以分别由溶液侧和再生空气侧的对流传热传质阻力表示[10]，即

$$R_{h,r} = R_{a,r} + R_{s,r} \tag{3-45}$$

$$C_{m,r} = C_{a,r} + C_{s,r} \tag{3-46}$$

式中，$R_{h,r}$，$R_{a,r}$ 和 $R_{s,r}$ 分别为再生器总体传热热阻、再生空气侧传热热阻和溶液侧传热热阻，℃/W；$C_{m,r}$，$C_{a,r}$ 和 $C_{s,r}$ 分别为再生器总体传质阻力、再生空气侧传质阻力和溶液侧传质阻力，$(m^2 \cdot s \cdot Pa)/mol$。

将传热热阻、气相压力差为推动力的传质阻力和液相物质的量浓度差为推动力的传质阻力的相关定义式分别代入式(3-41)和式(3-42)，可得出[4,11]

$$h_{o,r} A_{o,r} = \frac{h_{a,r} A_{a,r} h_{s,r} A_{s,r}}{h_{a,r} A_{a,r} + h_{s,r} A_{s,r}} \tag{3-47}$$

$$K_{o,r} = \frac{H k_{a,r} k_{s,r}}{k_{a,r} + H k_{s,r}} \tag{3-48}$$

式中，$h_{a,r}$ 和 $h_{s,r}$ 分别为再生器内再生空气和溶液对流传热系数，$W/(m^2 \cdot ℃)$；$A_{a,r}$ 和 $A_{s,r}$ 分别为再生器内再生空气对流传热面积和溶液对流传热面积，m^2；$k_{a,r}$ 为再生器内以气相水蒸气分压差为推动力的分传质系数，$mol/(m^2 \cdot s \cdot Pa)$；$k_{s,r}$ 为再生器内以溶液内水分量的物质的量浓度差为推动力的分传质系数，$mol/[m^2 \cdot s \cdot \Delta(mol/m^3)]$，即 m/s。

将式(3-9)应用在再生器内再生空气和溶液，并加以简化可以得到

$$h_{a,r} = b_5 m_{a,r}^{e_4} \tag{3-49}$$

$$h_{s,r} = b_6 m_{s,r}^{e_4} \tag{3-50}$$

式中，e_4 为待定参数，与式(3-47)联立，可得

$$h_{o,r} A_{o,r} = \frac{b_6 A_{s,r} m_{s,r}^{e_4}}{1 + \frac{b_6 A_{s,r}}{b_5 A_{a,r}} \left(\frac{m_{s,r}}{m_{a,r}}\right)^{e_4}} \tag{3-51}$$

式中，b_5 和 b_6 分别是再生器内针对再生空气和溶液两种流体的集中参数。令 $c_{1,r} = b_6 A_{s,r}$，$c_{2,r} = \dfrac{b_6 A_{s,r}}{b_5 A_{a,r}}$，$c_3 = e_4$，并将式(3-41)和式(3-51)联立可以得出再生器内溶液与再生空气的传热速率方程为

$$Q_r = \frac{c_{1,r} m_{s,r}^{c_{3,r}}}{1 + c_{2,r}\left(\dfrac{m_{s,r}}{m_{a,r}}\right)^{c_{3,r}}}(T_{a,r} - T_{s,r}) \tag{3-52}$$

对再生器内传质过程同样可以运用恩田关联模型[16]，将式（3-17）和式（3-18）应用在再生器内，化简后可以得到

$$k_{a,r} = b_7 \frac{m_{a,r}^{e_5}}{T_{a,r}} \tag{3-53}$$

$$k_{s,r} = b_8 m_{s,r}^{e_6} \tag{3-54}$$

式中，b_7 和 e_5 分别为再生器内再生空气对流传质系数的待定系数；b_8 和 e_6 分别为再生器内溶液对流传质系数的待定系数。将式（3-53）和式（3-54）代入式（3-48）并与式（3-42）联立，可得

$$N_r = \frac{Hb_7 b_8 m_{a,r}^{e_5} m_{s,r}^{e_6}}{b_7 m_{a,r}^{e_5} + Hb_8 T_{a,r} m_{s,r}^{e_6}} A_{o,r}(p_{a,r} - p_{s,r}^*) \tag{3-55}$$

令 $c_{4,r} = Hb_8 A_{o,r}$，$c_{5,r} = \dfrac{Hb_8}{b_7}$，$c_{6,r} = e_6$ 和 $c_{7,r} = -e_5$，可得再生器内传质速率方程为

$$N_r = \frac{c_{4,r} m_{s,r}^{c_{6,r}}}{1 + c_{5,r} T_{a,r} m_{s,r}^{c_{6,r}} m_{a,r}^{c_{7,r}}}(p_{a,r} - p_{s,r}^*) \tag{3-56}$$

式中，N_r 为再生器内传质速率。运用 3.2.2 节中介绍的多项式拟合方法，确定温度范围为 40~60℃下再生空气水蒸气分压和溶液在温度范围为 40~60℃，浓度范围为 27%~40% 下的表面水蒸气分压。使用 3.3.3 节中介绍的模型参数辨识方法，结合再生器的历史运行数据确定再生器传热传质混合模型中的待辨识参数（$c_{1,r}$~$c_{7,r}$）。

3.3.3 再生器传热传质混合模型验证及分析

为了验证上述再生器传热传质模型的准确性，图 3.11 和图 3.12 分别对比了再生器内传热速率和传质速率的预测结果与实验结果，图中中间、上、下的线分别代表 0%、+10% 和 −10% 相对误差线。每一个实验点相对应的相对误差分析分别由图 3.13 和图 3.14 给出。从图中可以看出，由本书建立的再生器传热传质

模型相对误差在 15％以内，模型计算结果与实验测量结果基本吻合。

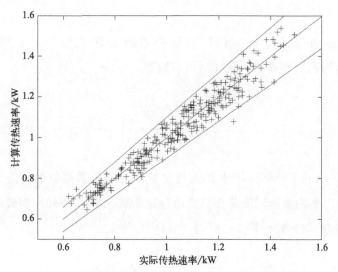

图 3.11　再生器传热速率预测结果与实验结果对比

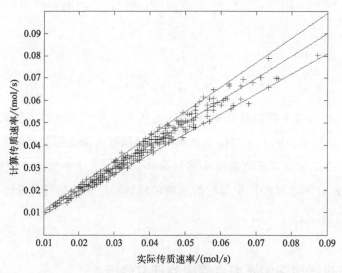

图 3.12　再生器传质速率计算结果与实验结果对比

　　表 3.4 给出了再生器传热传质混合模型对系统性能预测的误差指标，计算结果表明了建立的再生器传热传质混合模型在再生器性能预测方面具有很高的准确性。本节建立的再生器模型可以通过简单的计算准确地预测再生器的性能，表明该模型可以运用在再生器性能监测、实时优化等领域。

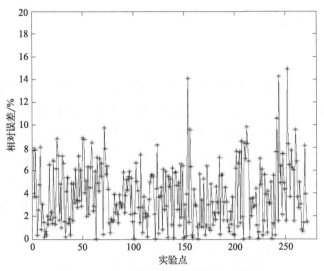

图 3.13　再生器传热速率计算相对误差

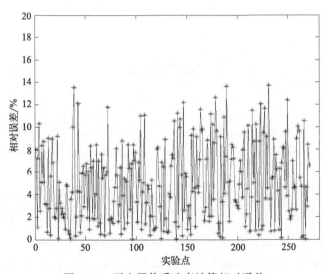

图 3.14　再生器传质速率计算相对误差

表 3.4　再生器传热传质性能预测的误差指标

能量模型	MRE/%	RMSE	STD_RE/%
传热速率	3.84	0.0504	2.76
传质速率	4.97	0.0025	3.50

3.4 本章小结

本章主要针对高效节能型溶液除湿空调系统建模研究，为除湿器和再生器实时运行优化策略研究打下基础。从能量守恒、质量守恒和传热传质基本理论出发，分析了除湿器和再生器的传热传质过程。经过合理的假设，运用集中参数分析法，分别针对除湿器和再生器建立传热传质混合模型。通过模型的预测结果与实验测量结果比较可发现本章建立的混合模型能够准确地预测除湿器内传热速率和传质速率、除湿器出口空气温度和含湿量、再生器内传热速率和传质速率，预测相对误差在 15% 以内，但由于误差累积的存在，仅有很少部分实验点对于除湿器出口空气温度和含湿量的预测相对误差在 15%～20%。研究结果表明，本章建立的混合模型形式简单，计算复杂度低，同时能够准确地预测溶液除湿空调系统的传热传质性能，因此该模型能够应用在针对溶液除湿空调系统的性能监测、实时优化等领域。

参考文献

[1] Mei L，Dai Y. A technical review on use of liquid-desiccant dehumidification for air-conditioning application [J]. Renewable and Sustainable Energy Reviews，2008，12 (3)：662-689.

[2] Moyes V J，Naess R E. A study of the two film theory of gas absorption：the effect of temperature and gas velocity on the absorption phenomena [M]. Boston：Massachusetts Institute of Technology，Department of Chemical Engineering，1925.

[3] Whitman W G. The two film theory of gas absorption [J]. International Journal of Heat and Mass Transfer，1962，5 (5)：429-433.

[4] 何潮洪，冯霄. 化工原理 [M]. 北京：科学出版社，2001.

[5] 谭天恩，麦本熙，丁惠华. 化工原理 [M]. 北京：化学工业出版社，1990.

[6] 陈敏恒，丛德滋，方图南，等. 化工原理 [M]. 北京：化学工业出版社，1999.

[7] Gandhidasan P. A simplified model for air dehumidification with liquid desiccant [J]. Solar Energy，2004，76 (4)：409-416.

[8] Chen X，Li Z，Jiang Y，et al. Analytical solution of adiabatic heat and mass transfer

process in packed-type liquid desiccant equipment and its application [J]. Solar Energy, 2006, 80 (11): 1509-1516.

[9] Babakhani D. Developing an application analytical solution of adiabatic heat and mass transfer processes in a liquid desiccant dehumidifier/regenerator [J]. Chemical Engineering & Technology, 2009, 32 (12): 1875-1884.

[10] 王补宣. 工程传热传质学 [M]. 北京: 科学出版社, 1998.

[11] 华自强, 张忠进. 工程热力学 [M]. 北京: 高等教育出版社, 2000.

[12] Bergman T L, Bergman Theodore L, Incropera F P, et al. Fundamentals of heat and mass transfer [M]. Hoboken: John Wiley & Sons, 2011.

[13] Benitez J. Principles and modern applications of mass transfer operations [M]. Hoboken: John Wiley & Sons, 2011.

[14] Cengel Y A, Ghajar A J. Heat and mass transfer: fundamentals & applications [M]. New York: McGraw-Hill, 2011.

[15] Onda K, Takeuchi H, Okumoto Y. Mass transfer coefficients between gas and liquid phases in packed columns [J]. Journal of Chemical Engineering of Japan, 1968, 1 (1): 56-62.

[16] 喻冬秀, 程江, 杨卓如. 填料塔的理论研究 [J]. 石油化工设备, 2003, 32 (4): 46-50.

[17] Wang X, Cai W, Lu J, et al. A hybrid dehumidifier model for real-time performance monitoring, control and optimization in liquid desiccant dehumidification system [J]. Applied Energy, 2013, 111: 449-455.

[18] 沈维道, 蒋智敏, 童钧耕. 工程热力学 [M]. 北京: 高等教育出版社, 2001.

[19] Conde M R. Properties of aqueous solutions of lithium and calcium chlorides: formulations for use in air conditioning equipment design [J]. International Journal of Thermal Sciences, 2004, 43 (4): 367-382.

[20] Jin G Y, Cai W J, Lu L, et al. A simplified modeling of mechanical cooling tower for control and optimization of HVAC systems [J]. Energy Conversion and Management, 2007, 48 (2): 355-365.

[21] Wang Y W, Cai W J, Soh Y C, et al. A simplified modeling of cooling coils for control and optimization of HVAC systems [J]. Energy Conversion and Management, 2004, 45 (18): 2915-2930.

[22] Moré J J. The Levenberg-Marquardt algorithm: implementation and theory [M]. Heidelberg: Springer, 1978.

[23] Lourakis M, Argyros A. The design and implementation of a generic sparse bundle adjustment software package based on the levenberg-marquardt algorithm [R]. Technical Report 340, Institute of Computer Science-FORTH, Heraklion, Crete, Greece, 2004.

第四章

溶液除湿器动态模型

4.1 溶液除湿系统动态混合建模方法

4.1.1 概述

在现代社会中，人们大部分时间都处于室内。为了维持室内舒适的环境，采用的空调系统消耗了大量的能源。根据美国采暖、制冷与空调工程师学会（American Society of Heating, Refrigerating and Air-Conditioning Engineers, ASHRAE）62.1标准[1]，为使室内人员健康而且高效地工作或生活，必须不断地向空调房间供给足够的新鲜空气，才能冲淡室内人员排出的废气，达到可接受的室内空气质量（Indoor Air Quality, IAQ）。基于文献［2］给出的建筑能源基准观察报告，在像新加坡这样的发达国家，楼宇建筑系统消耗了电力能源的37％以上。在这些国家中，楼宇建筑系统电力能源消耗的一半用于维持室内人员的热舒适环境。由此看来，建筑节能已成为低碳排放和未来可持续发展的重要目标。这个目标有望通过楼宇建筑系统的技术升级来实现。

在空调系统中，空气除湿是必不可少的重要组成部分，特别是在热带地区。在楼宇建筑系统中，自20世纪早期以来，供暖、通风与空调（Heating, Ventilation and Air Conditioning, HVAC）系统已获得了广泛应用[3]。在HVAC系统中，空气除湿常采用冷却除湿法[4]：供给空调房间的新鲜空气，首先要被冷却到其露点以下，以将空气中多余的水分液化而除去；经过除湿后的空气，被加热到期望的温度，才能供给到空调房间。这种空调方案虽然有效，但也由于需要对供给空调房间的新鲜空气过度冷却和再加热，而造成了大量能源的浪费。

在过去的 20 多年里，为研发更加高效的空调系统，溶液除湿空调系统[5,6]应运而生。在这种系统中，新鲜空气多余的水分被具有低蒸汽压的液体除湿剂直接吸收。溶液除湿空调系统由于具有以下的优点而受到认可并得到推广应用。这些优点包括：

① 通过使用可再生或低品位能源而能大幅度地节能；

② 在实现空气温湿度独立控制方面具有灵活性；

③ 具有环境友好、无污染排放的特点；

④ 由于设备处于干燥环境下，减少了细菌与霉菌的繁殖。

根据文献［6］给出的技术综合评论，溶液除湿空调系统与传统的 HVAC 系统相比，可节省大约 40％的能源。然而，在目前的文献中，如文献［7-9］，所研究的有效控制策略较少，因而限制了其推广应用。为了既对溶液除湿空调系统的性能进行调节，又对其能耗进行优化控制，急需研发出高效的溶液除湿空调过程控制系统，而这些方面在已有的文献中却很少涉及。同时为满足溶液除湿空调优化控制设计的需求，则需要深入研究其面向控制的建模方法。在目前的相关研究中，尽管在文献中已提出了多种建模方法，但在这些模型研究中，却很少对系统控制输入如何动态地影响其输出进行详细阐明。此外，目前已获得的溶液除湿空调模型，虽然可精确地对系统输出进行预测，但这些模型非常复杂，用模型进行预测所需的计算量过大，这限制了所建模型在控制设计中的应用。同时需要引起注意的是，在溶液除湿系统中，既有可控输入，又有不可控输入，它们对于系统的影响应当分开进行研究。对像入口空气温度和湿度这样的不可控输入，它们的负面影响或干扰作用应通过系统的控制作用加以抑制。为了满足上述这些需求，有必要提出建立溶液除湿（空调）系统新型动态模型的方法。

鉴于溶液除湿（空调）系统广阔的发展前景，在文献中已报道了许多关于它的理论与实验研究结果。这些研究主要集中在系统设备设计[10,11]、性能分析[12-14] 以及过程建模等方面。其中在过程建模研究方面，所研发的模型可以分为三类：有限差分模型、效率-传递单元数（Effectiveness Number of Transfer Unit，ε-NTU）模型和经验模型。

有限差分模型由于其具有精确性的特点，已经获得了深入的研究。文献［15］针对一种逆流式溶液除湿器提出了一种基于机理的理论模型，该模型的最终推测经过了对其中传质传热过程的详细实验研究，所建立的溶液除湿器的模型与实验结果吻合得很好。文献［16］试图对太阳能溶液除湿系统的最佳运行条件进行研究。论文作者通过将系统填料塔内的水分与能量平衡相结合，采用 Runge-Kutta 法计算方案，获得了系统有限差分模型，并在实验中验证了所建模型的有效性。类似地，文献［17-19］的作者也在他们的研究中采用了有限差分模型。文献［20］通过两个耦合的常微分方程，描述了常见的填料床式溶液除湿系统内部耦合的传质传热过程。这两个方程的解析解在线性近似的假设条件下获得，且在假设条件近似满足的运行范围内能够给出更精确的模型预测结果。总的说来，有限差分模型主要用于溶液除湿（空调）系统的性能分析与优化，但它们却很少用于控制设计方面，原因是这类模型的建立过程非常复杂，并且在用它们进行输出预测时，常常需要进行大量的迭代运算。除此之外，在这些模型的建立过程中，往往需要有关填料床或流体特性的一些详细的信息，而这些信息在实际中很难获得。

对于效率-传递单元数（Effectiveness Number of Transfer Unit，ε-NTU）模型，文献［21］利用此类模型，描述溶液除湿热量/质量交换器中的传热和传质过程，在模型研发中，首先计算了除湿器的传递单元数以及效率，然后用它们来计算出口空气的湿度。通过采用摄动技术来处理对于空气湿度和焓的非线性影响，文献［22］改进了 ε-NTU 模型；这样建立的 ε-NTU 模型，在模型验证中，性能超过了大多数常规 ε-NTU 模型。此外，文献［23,24］也在其研究中使用了 ε-NTU 模型。ε-NTU 模型与有限差分模型相比较，可大大降低计算负荷，但给出的模型预测结果在精确度方面要比有限差分模型差一些。

在实际应用中，经验模型在溶液除湿（空调）系统的研究中也获得了广泛的认可。文献［25］通过利用无量纲的压力和温度的差分建立了一种简化模型，用来预测除湿器的除湿率。文献［26］提出了一种简化的线性方程，用于描述吸收器的除湿效率，该研究的依据是基于对运行数据的统计分析，而使用的运行数据只在给定范围内适用。文献［27］研发出一种理想的递归模型，用来预测溶液除湿剂再生器的性能；该模型在实例研究应用中，用于评估系统潜在的节能效果，并取得了与实验结果相一致的预测结果。除此之外，在文献［7，28，29］的研究中也出现了经验模型。从本质上说，上述研究中使用的经验模型，是在一定条件下通过与实验数据的拟合获得的，因此当运行工况发生变化时，这样获得的模型的参数就会发生漂移，在变化的工况下，用经验模型就会获得错误的预测结果。

文献［30］基于传热传质原理提出了一种溶液除湿器的稳态模型的建立方法，所建模型中有关系统信息和流体特性用七个参数来集中体现，并通过实验数据估计出来。模型验证结果表明所建模型是有效的，模型预测结果与实验结果吻合良好。该研究存在的问题是建模时没有考虑系统的动态特性。

综上所述，上面所提到的各种模型是出于各自的研究目的研发出来的，在特定的要求和条件下这些模型是满足应用目标的，但显然它们很少能应用于实时控制设计。

在本节中，将针对一种由冷却器与除湿器串联构成的溶液除湿系统，提出其动态模型的建立方法。在本节所讨论的系统中，除湿剂溶液首先用冷却器冷却，然后在除湿器中将其用于过程空气的除湿。为了对此溶液除湿系统的控制设计提供支持，本节建立的简化的动态模型，能够描述系统中必要的动态过程。在此模型中，系统的输入包括控制输入和可测干扰，针对各个输入，分别研究它们对系统的影响。由于除湿器实际上是一个空间依赖系统或分布参数系统，所以在其稳态模型[31,32]与动态模型[33,34]中，都必然存在随空间位置变化的系统变量。这样建立的系统动态模型是一组偏微分方程，难以应用于大多数控制系统设计中[35]。为了克服此类动态模型的缺点，本节建立系统动态模型时，将除湿过程中描述流体特性的变量的空间差异，通过沿流体流动方向的离散化与动态相互作用而加以近似。换句话说，在动态建模时，实际上是将除湿器（沿流体流动方向）分割成流体特性变量近似相同分布的许多组成部分，在这些组成部分中，相邻部分内的流体互相之间传热与传质，而整个除湿器的动态变化过程则是由这些组成部分的动态作用过程集成的结果。这样建立的溶液除湿系统的非线性（集中参数）动态模型，在一定的运行工作点附近可进一步线性化，获得线性化状态空间形式的动态模型，便于分别研究控制输入和可测干扰对系统的影响。

本节提出的溶液除湿（空调）系统动态建模的方法的主要贡献可总结如下：

① 针对溶液除湿（空调）系统从控制的观点，提出了一种简单动态模型的建立方法，该模型的输出预测的准确性通过物理实验得到了验证；

② 采用 Levenberg-Marquardt 算法和扩展卡尔曼滤波（Extended Kalman Filter，EKF）算法相结合的方法，进行模型参数估计，以保证建模质量。首先根据系统稳态实验数据采用 Levenberg-Marquardt 算法对模型参数进行初步估计，然后利用系统动态实验数据通过 EKF 算法使模型参数进一步精确化；

③ 所建立的系统动态模型可容易地线性化为状态空间形式，这种模型形式可方便地用于将来的控制设计和故障诊断。

4.1.2　系统描述

在如图 4.1 所示的典型溶液除湿（空调）系统中，除湿器和再生器是系统具有相同硬件配置的两个关键组成部分[5,6]。它们中都充满了预先安装好的填料，以增加除湿溶液与过程空气的接触面积。在除湿器中使用除湿溶液吸收过程空气中的水分，而在再生器中，则用过程空气吸收除湿溶液中的水分，使除湿溶液变浓，从而保证除湿溶液能够循环利用，使整个系统能实现对过程空气的连续除湿。

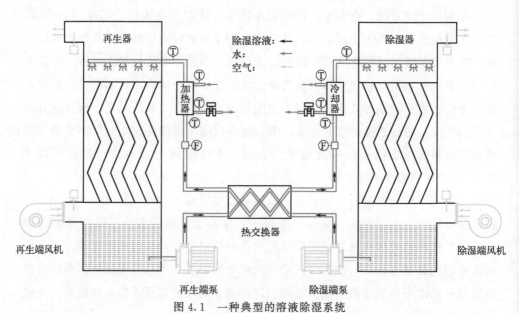

图 4.1　一种典型的溶液除湿系统

在系统运行过程中，除湿溶液在泵的驱动下，循环于除湿器与再生器之间。而过程空气则在风机的驱动下，与除湿溶液逆向流动，相互之间进行着传质传热。由于除湿溶液的除湿能力很大程度上取决于其温度，因此除湿器与冷却器相连接，而再生器则与加热器相连接。冷却器和加热器分别用来调节除湿器和再生器各自入口除湿溶液的温度，分别将温度较低的除湿溶液供给除湿器，而将温度较高的除湿溶液供给再生器。然而在这种除湿溶液循环往复过程中，伴随着不断地冷却和加热，会浪费大量的能量。因此在实际应用中需要加以改进，以实现节能降耗。

经过冷却从冷却器流出的高浓度冷除湿溶液，进入除湿器顶端，通过喷淋装置均匀地喷在填料表面上，吸收着过程空气中的水分，并因此使其浓度得到稀释。而在再生器中，经过加热从加热器流出的低浓度热除湿溶液，则将其中的水分传递给过程空气，并因此使其浓度提高。在实际应用中，根据除湿器和再生器中流体流动的方向，可将它们分为平行流、逆流和交叉流三种结构。在这三种结构中，逆流结构由于其高效的传质传热性能，在大多数除湿系统中被优先选择[8]。另外，系统的热传递方式又分为除湿剂驱动方式和空气驱动方式。而在这两种方式中，由于采用前一种方式除湿率较高[7]，因此建议优先采用。所以在本节所研究的溶液除湿系统中，采用了具有除湿剂驱动传热方式的逆流结构。

　　按照傅里叶定律，热在物质中传递速率与温度梯度的负值成正比，类似地，质量的传递速率则与压力梯度的负值成正比[36]。参见图 4.2 可知，在 A 点高浓度的冷除湿溶液比过程空气具有更低的蒸汽压，因此空气中的水分被吸收到除湿溶液中；而在 C 点，低浓度的热除湿溶液比过程空气的蒸汽压高，因此除湿溶液中的水分向过程空气传递，从而使除湿溶液浓度提高。由于在溶液除湿系统中，空气除湿与除湿溶液再生两种过程是可逆过程，所以它们遵循相同的物理原理，并因此可用类似的动态模型加以描述。于是在下面的建模方法研究中，只针对两种过程其中之一，即溶液除湿过程进行，也就是针对图 4.1 中右边部分进行建模研究。

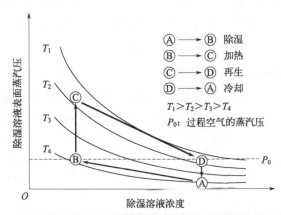

图 4.2　溶液除湿过程中除湿溶液的蒸汽压与其温度和浓度的关系

4.1.3　系统动态模型的建立

　　如图 4.1 所示，本节所研究的溶液除湿过程是一个由冷却器和除湿器组成的串联系统。在此系统中，除湿溶液首先在冷却器中得到冷却，然后再进入除湿器吸收过程空气中的水分，从而达到使除湿器出口的空气具有期望温度和期望湿度值的控制目标。实际上，冷却器可以看作此系统的执行器，然而由于其动态特性比常规的系统执行器动态特性慢很多，因此在动态建模中，应当把其动态特性考虑在内。

在冷却器中，除湿溶液被来自楼宇冷却塔的冷冻水冷却。理论上，除湿溶液或冷冻水的入口温度和流量这四个系统输入都可进行调整，用来控制冷却器出口除湿溶液的温度。但实际上，除湿溶液或冷冻水的入口温度都是不可控的，所以对冷却器来说，只有除湿溶液或冷冻水的流量这两个输入是可控的。类似地，对除湿器来说，控制系统能直接操纵的只有除湿溶液或过程空气的流量，另外，其入口的除湿溶液温度可通过冷却器间接进行调节。系统的其他输入，如入口过程空气的温度和湿度，只可进行测量而不可控制，因此这些输入对系统的扰动作用，应通过系统的可控输入加以抑制。总而言之，对本节所研究的溶液除湿过程而言，只有三个系统输入可作为操纵变量用于系统控制设计，即除湿溶液或冷冻水的流量以及过程空气的流量。

在实际应用中，若过程空气流量由主控制器来确定时，系统控制方案中只有两个输入可作为操纵变量。具体来说，在本节论述的溶液除湿系统实验装置中，冷冻水流量由数字球阀进行调节，而除湿溶液流量的控制则通过其流过的泵上安装的变速驱动电机来进行。类似地，过程空气流量也是通过安装在风机上的变速驱动电机来加以调节的。由于这三个流量调节回路的动态特性要比溶液除湿过程的动态特性快得多，因此在本节的建模研究中忽略不计。

冷却器是一种用隔热材料包裹的板式换热器。这意味着在冷却器中除湿溶液与冷冻水之间的热传递对外部来说是绝热的。由于冷却器中两种进行换热的液体都是用泵进行驱动的，所以其中进行的是强制对流换热[37]，并且热传递系数由式(4-1) 确定。

$$h = \frac{a_1 k Re^{a_2} Pr^{a_3}}{D} = \frac{a_1 k}{D} \left(\frac{\rho D}{\mu A}\right)^{a_2} \left(\frac{C_p \mu}{k}\right)^{a_3} (uA)^{a_2} \tag{4-1}$$

在式(4-1) 中，Re 和 Pr 分别是雷诺数和普朗特数；k、ρ、u、μ 和 C_p 分别是流体导热系数、流体密度、流体速度、流体黏度和流体比热容；D 和 A 都是冷却器的几何尺寸参数；a_1、a_2 和 a_3 都是与冷却器有关的未知参数。

根据文献 [38]，流体的特性在很大程度上取决于其温度，在流体温度变化很小的情况下，可假设流体温度为常数。在这种情况下，上述的热传递系数表达式可简化为

$$h = a\dot{V}^{a_2}$$

上式中，

$$a = \frac{a_1 k}{D} \left(\frac{\rho D}{\mu A}\right)^{a_2} \left(\frac{C_p \mu}{k}\right)^{a_3}$$

$\dot{V}$ 是流体的体积流量。由于采用的冷却器板的热传递存在于其两侧，因此冷却器的集总热传递系数为

$$H_c = \frac{1}{1/h_s + 1/h_w} = \frac{c_1 \dot{V}_s^{c_3}}{1 + c_2 (\dot{V}_s/\dot{V}_w)^{c_3}} \tag{4-2}$$

在式（4-2）中，$c_1 = a_s$，$c_2 = a_s/a_w$，$c_3 = a_2$，这三个参数都是未知的恒定参数，其中下标 s 特指除湿溶液，而下标 w 特指冷冻水。

如图 4.3 所示，除湿溶液以流量 $\dot{V}_s$、温度 T_{si} 流入冷却器，并以相同的流量和温度 T_{so} 流出冷却器。除此之外，除湿溶液与冷冻水之间的热传递也对其动态特性有很大影响。综合考虑可得其热力动态特性的表达式为

$$M_s C_{ps} \dot{T}_{so} = H_c (T_w - T_s) + \dot{V}_s \rho_s C_{ps} (T_{si} - T_{so}) \tag{4-3}$$

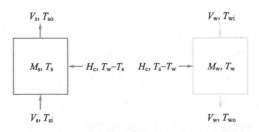

图 4.3　针对冷却器的热传递分析示意图

在式（4-3）中，M_s、C_{ps} 和 ρ_s 分别是除湿溶液的质量、比热容和密度。类似地，冷冻水热力动态特性的表达式为

$$M_w C_{pw} \dot{T}_{wo} = H_c (T_s - T_w) + \dot{V}_w \rho_w C_{pw} (T_{wi} - T_{wo}) \tag{4-4}$$

在式（4-4）中，M_w、C_{pw} 和 ρ_w 分别是冷冻水的质量、比热容和密度。

冷却器出口的除湿溶液流入到除湿器，并将除湿器与冷却器相互联系在一起。除湿器也用隔热材料进行包裹，以与周围环境绝热。考虑到除湿溶液的流动是通过泵进行驱动的，过程空气的流动是通过风机进行驱动的，所以它们在除湿器中进行的是强制对流传热和传质。在文献 [30] 中，文献作者推导出了相类似设备的传热和传质系数，并通过实验验证了其有效性。本节采用该文献中对传热和传质系数的定义，但对其表达式的形式做了小的改进，分别如式（4-5）和式（4-6）所示。

$$H_h = \frac{d_1 \dot{m}_s^{d_3}}{1 + d_2 \dot{m}_s^{d_3} \dot{m}_a^{d_4}} \tag{4-5}$$

$$H_{\mathrm{m}} = \frac{d_5 \dot{m}_{\mathrm{s}}^{d_7}}{1 + d_6 T_{\mathrm{a}} \dot{m}_{\mathrm{s}}^{d_7} \dot{m}_{\mathrm{a}}^{d_8}} \tag{4-6}$$

在式(4-5)和式(4-6)中，$\dot{m}_{\mathrm{a}}$ 和 $\dot{m}_{\mathrm{s}}$ 分别是过程空气和除湿溶液的质量流量；而 $d_i(i=1,2,\cdots,8)$ 都是与除湿器有关的未知常系数。

为了简化所建立的系统动态模型的形式，提出了一些假设条件。当传质速率与除湿溶液流速相比可忽略不计时，假定除湿器填料中的除湿溶液浓度是恒定的。然而因为蒸发热是 2257kJ/kg，大约是其比热容［4.2kJ/(kg·℃)］的 540 倍[37]，所以传质中的潜热在热力分析中是绝对必要的。从原理上讲，等效的除湿溶液的压力与其温度有很大的关系，而其温度却受到传质中潜热的影响。因此传热过程与传质过程两者是强耦合的，所以两者在系统动态建模时必须一起考虑。

由于空间依赖模型或分布参数模型不适合用于控制系统设计，所以模型中的偏微分可以用沿流体流动方向的各个系统组成部分之间的动态相互作用来近似。如图 4.4 所示，本节将除湿器沿流体流动方向分成 N 个部分。在每个部分中，表示流体特性的变量如温度、湿度和浓度等，假设呈均匀分布。在第 i 个部分中的除湿溶液和过程空气会受到其相邻部分传热和传质的影响，而整个除湿器的动态特性则是这些组成部分的动态特性的综合集成。

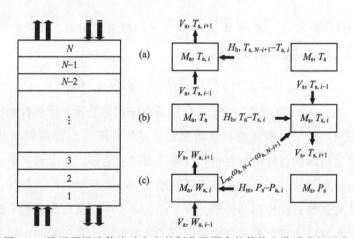

图 4.4　除湿器沿流体流动方向的划分及耦合的传热和传质分析示意

例如，在第 i 个部分中的过程空气分别与第 $i-1$ 个部分中和第 $i+1$ 个部分中的过程空气进行热传导，同时也与第 i 个部分中的除湿溶液进行热传导；此外由空气流动造成的热对流也会对其热力动态特性产生影响。在第 i 个部分中，过

程空气以温度 $T_{a,i-1}$ 流入该部分，以温度 $T_{a,i}$ 流出该部分。在此传热过程中，使第 i 个部分中过程空气储存热量。综上所述，第 i 个部分中过程空气的热力动态特性可表达为

$$M_a C_{pa} \dot{T}_{a,i} = H_h(T_{s,N-i+1} - T_{a,i}) + h_a A_c[(T_{a,i-1} - T_{a,i}) + (T_{a,i+1} - T_{a,i})]$$
$$+ \dot{m}_a C_{pa}(T_{a,i-1} - T_{a,i}), i=1,\cdots,N \tag{4-7}$$

类似地，在第 i 个部分中的除湿溶液也分别与第 $i-1$ 个部分中和第 $i+1$ 个部分中的除湿溶液进行热传导，并且还与第 i 个部分中的过程空气进行热传导；以及由除湿溶液流动造成的热对流也会对其热力动态特性产生影响。此外，第 i 个部分中的除湿溶液还会吸收过程空气中水蒸气液化放出的大部分潜热。综上所述，第 i 个部分中的除湿溶液的热力动态特性可表达为

$$M_s C_{ps} \dot{T}_{s,i} = H_h(T_{a,N-i+1} - T_{s,i}) + h_s A_c[(T_{s,i-1} - T_{s,i}) + (T_{s,i+1} - T_{s,i})]$$
$$+ \dot{m}_s C_{ps}(T_{s,i-1} - T_{s,i}) + \dot{m}_a L_w(\omega_{a,N-i} - \omega_{a,N-i+1}), \quad i=1,2,\cdots,N$$
$$\tag{4-8}$$

图 4.2 表明了过程空气与除湿溶液之间传质是由它们之间的蒸汽压差驱动的，在这里，过程空气的水蒸气压是由道尔顿分压定律[39] 导出的。而除湿溶液的蒸汽压则是由氯化锂水溶液的热力学特性[40] 确定的。可将它们的表达式分别写为

$$p_a = 29 p_0 \omega_a / (18 + 29\omega_a) \approx 162.7\omega_a (kPa) \tag{4-9}$$

$$p_s = \beta_1 T_s^2 + \beta_2 T_s \omega_s + \beta_3 \omega_s^2 + \beta_4 T_s + \beta_5 \omega_s + \beta_6 \tag{4-10}$$

在式(4-9) 和式(4-10) 中，$p_0 = 101kPa$ 是标准大气压，ω_a 是过程空气的湿度；当 $\beta_1 = 0.001452$，$\beta_2 = -0.003578$，$\beta_3 = 0.001108$，$\beta_4 = 0.1124$，$\beta_5 = -0.06183$，$\beta_6 = 1.1492$ 时，式(4-10) 有效的范围为：氯化锂除湿溶液温度 $T_s \in [15℃，25℃]$，氯化锂除湿溶液浓度 $\omega_s \in [25\%，35\%]$。

除了驱动力和阻力不同之外，第 i 个部分空气湿度动态特性与其热力动力学动态特性基本一致。特别地，第 i 个部分中过程空气不仅分别与第 $i-1$ 个部分和第 $i+1$ 个部分中的过程空气传质，也与第 i 个部分中的除湿溶液传质。此外，来自过程空气流的水分累积也对第 i 个部分中的过程空气湿度动态特性有重要影响。综上所述，第 i 个部分中的过程空气的湿度动态特性可表达为

$$M_a \dot{\omega}_{a,i} = H_m(p_{s,N-i+1} - p_{a,i}) + h_\omega A_c[(p_{a,i-1} - p_{a,i}) + (p_{a,i+1} - p_{a,i})]$$
$$+ \dot{m}_a(\omega_{a,i-1} - \omega_{a,i}), i=1,\cdots,N \tag{4-11}$$

　　根据仿真研究结果，系统除湿器相邻部分之间的温度差很小，因而由此产生的热传导也非常小，所以为了简化系统动态模型，将此热传导的影响与来自流体流动的热对流的影响合并，这是因为这两者都与流体流动方向的传热有关。类似的简化方法也适用于空气湿度的动态模型。这样一来，式(4-7)、式(4-8)和式(4-11)中的等号右端的第二部分，在最后的系统动态模型中都忽略不计。于是经简化后获得的除湿器第 i 个部分流体的动态特性表达式为

$$\begin{cases} M_a C_{pa} \dot{T}_{a,i} = H_h (T_{s,N-i+1} - T_{a,i}) + \dot{m}_a C_{pa} (T_{a,i-1} - T_{a,i}) \\ M_a \dot{\omega}_{ai} = H_m (p_{s,N-i+1} - p_{a,i}) + \dot{m}_a (\omega_{a,i-1} - \omega_{a,i}) \\ M_s C_{ps} \dot{T}_{s,i} = H_h (T_{a,N-i+1} - T_{s,i}) + \dot{m}_s C_{ps} (T_{s,i-1} - T_{s,i}) \\ \qquad + \dot{m}_a L_w (\omega_{a,N-i} - \omega_{a,N-i+1}) \end{cases} \tag{4-12}$$

　　由于系统冷却器和除湿器通过除湿溶液相互联系起来，在冷却器出口与除湿器入口两者具有相同的除湿溶液流量和温度，因此整个系统综合起来获得的动态模型可表达为

$$\begin{cases} \dot{x} = f(x, u) \\ y = g(x) \end{cases} \tag{4-13}$$

　　在式(4-13)中，$x = [T_{so}, T_{wo}, T_{a,1}, \cdots, T_{a,N}, T_{ao}, \omega_{a,1}, \cdots, \omega_{a,N}, \omega_{ao}, T_{s,1}, \cdots, T_{s,N}]^T$ 是系统的状态变量，$u = [T_{wi}, T_{si}, T_{ai}, \omega_{si}, \omega_{ai}, \dot{m}_w, \dot{m}_s, \dot{m}_a]^T$ 是系统的输入变量，$y = [T_{ao}, \omega_{ao}]^T$ 是系统的输出变量。特别的，系统除湿器入口过程空气温度和湿度 $[T_{ai}, \omega_{ai}]$ 也是除湿器第一个部分入口的过程空气的相应状态变量；而除湿器最后一个部分的出口过程空气的相应状态变量与系统除湿器出口过程空气温度和湿度 $[T_{ao}, \omega_{ao}]$ 相同。此外，式(4-13)给出的溶液除湿过程非线性动态模型，可以很容易地在系统期望的运行工作点附近线性化，获得下列形式的系统线性化状态空间动态模型，即

$$\begin{cases} \dot{x} = Ax + B_u \bar{u} + B_d d \\ y = Cx \end{cases} \tag{4-14}$$

　　在式(4-14)中，系统的状态变量和输出变量与式(4-13)中的状态变量和输出变量相同；而 $\bar{u} = [\dot{m}_w, \dot{m}_s, \dot{m}_a]^T$ 是系统的控制输入变量，$d = [T_{wi}, T_{si}, T_{ai}, \omega_{si}, \omega_{ai}]^T$ 是系统的可测干扰变量。A、B_u、B_d、C 分别是系统矩阵、输入矩阵、干扰输入矩阵和输出矩阵，这些矩阵是式(4-13)在系统期望的运行工

作点附近线性化后确定的。值得注意的是，对本节所研究的溶液除湿过程而言，冷却器入口冷冻水的温度 T_{wi}、冷却器入口除湿溶液的温度 T_{si} 和除湿器入口除湿溶液的浓度 ω_{si}，这三个干扰变量几乎是不变的，或者在系统除湿动态过程中变化非常缓慢，因此通常可将它们看作是式(4-14) 的系统参数。于是系统的可测干扰变量变为 $\boldsymbol{d}=[T_{ai}, \omega_{ai}]^{T}$。

4.1.4 系统动态模型参数估计

在上述所建立的系统模型中，冷却器和除湿器的动态特性是在一起表达的，而且因此它们的模型参数也可同时进行估计。然而由于两者所有的输入和输出变量在实验中都是可测量的，这给单独的参数估计提供了提高建模精度的潜力。考虑到冷却器和除湿器都是具有测量噪声的非线性系统，因此选择标准的扩展卡尔曼滤波（Extended Kalman Filter，EKF）算法来辨识它们的未知模型参数[41~43]，标准 EKF 算法是一种用于状态估计、参数辨识或对偶估计的常用方法。在这种算法中，系统状态分布用高斯随机变量来近似，而状态转移则通过此非线性系统的一阶线性化进行传递。在 EKF 算法中，未知模型参数都归并入向量 $\boldsymbol{\psi}$ 中进行表达，并且假设在相邻的采样时间内保持不变，即

$$\boldsymbol{\psi}(k+1)=\boldsymbol{\psi}(k) \tag{4-15}$$

则增广的系统模型可表达为

$$\begin{cases} \boldsymbol{X}(k+1)=\overline{f}(\boldsymbol{X}(k),\boldsymbol{u}(k))+\boldsymbol{W}(k) \\ \boldsymbol{y}(k)=\overline{g}(\boldsymbol{X}(k))+\boldsymbol{V}(k) \end{cases} \tag{4-16}$$

在式(4-16) 中，$\boldsymbol{X}(k)=[\boldsymbol{x}(k),\boldsymbol{\psi}(k)]^{T}$，$\overline{f}(\boldsymbol{X}(k),\boldsymbol{u}(k))=[f(\boldsymbol{x}(k), \boldsymbol{u}(k),\boldsymbol{\psi}(k))]^{T}$，$\overline{g}(\boldsymbol{X}(k))=[g(k),0]^{T}$，$\boldsymbol{W}(k)$ 和 $\boldsymbol{V}(k)$ 分别是过程噪声和测量噪声。系统状态和模型参数状态在式中一起得到表达，并通过下面的标准 EKF 算法同时进行估计。

$$\begin{cases} \hat{\boldsymbol{X}}(k|k-1)=\overline{f}(\boldsymbol{X}(k-1|k-1),\boldsymbol{u}(k-1)) \\ \boldsymbol{P}(k|k-1)=\boldsymbol{F}(k)\boldsymbol{P}(k-1|k-1)\boldsymbol{F}(k)^{T}+\boldsymbol{Q} \\ \boldsymbol{K}(k)=\boldsymbol{P}(k|k-1)\boldsymbol{G}(k)^{T}[\boldsymbol{G}(k)\boldsymbol{P}(k|k-1)\boldsymbol{G}(k)^{T}+\boldsymbol{R}] \\ \hat{\boldsymbol{X}}(k|k)=\hat{\boldsymbol{X}}(k|k-1)+\boldsymbol{K}(k)[\boldsymbol{y}(k)-\overline{g}(\hat{\boldsymbol{X}}(k|k-1))] \\ \boldsymbol{P}(k|k)=\boldsymbol{P}(k|k-1)-\boldsymbol{K}(k)\boldsymbol{G}(k)\boldsymbol{P}(k|k-1) \end{cases} \tag{4-17}$$

在式(4-17) 中，Q 和 R 分别是过程噪声和测量噪声的协方差，$F(k)$ 和 $G(k)$ 分别是 $\overline{f}(X(k),u(k))$ 和 $\overline{g}(X(k))$ 对应于 $X(k)$ 的雅可比矩阵。为避免任何的模型参数收敛于其局部最优值，所有的未知模型参数首先通过 LMA 算法进行辨识，为 EKF 算法参数估计提供可靠的初始化参数。

4.1.5　实验验证与分析

根据在模型研发中所做的系统分析，溶液除湿过程可通过除湿溶液流量、冷冻水流量以及过程空气流量来加以控制。为了充分展现溶液除湿系统的动态特性，在如图 4.5 所示的 SinBerBEST 实验室的系统试验台上进行了一系列实验。

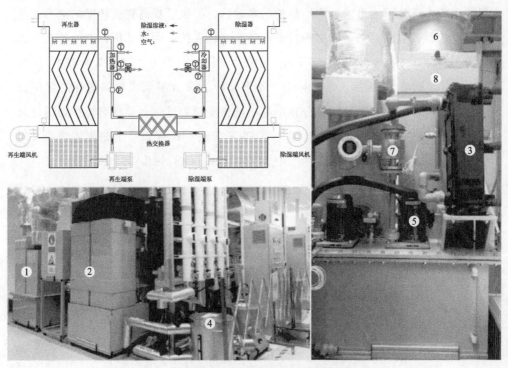

图 4.5　溶液除湿系统试验台及其示意图

1—除湿器；2—再生器；3—冷却器；4—加热器；5—除湿剂泵；

6—空气风机；7—除湿剂流量表；8—空气流量表

正如在 4.1.2 节中所讨论的那样，对除湿溶液的反复冷却和加热浪费了大量的能量，所以以了提高能效，在做实验时断开了除湿器与再生器之间除湿溶液的连续循环，而同时为了在这种情况下延长除湿时间，对除湿器和再生器都增加了相应的除湿溶液储罐。大多数时间除湿器和再生器各自独立工作，只有当用于除湿的干燥剂溶液浓度太低时，才使它们之间互换除湿溶液。基于对具有 7kg/h 空气除湿能力的溶液除湿系统的粗略计算，与原系统配置相比，这种新的实验系统配置可节能 5kW。对于这种所研究的溶液除湿实验系统，它的外壳由 1400mm 高的聚丙烯材料制成，为了提高系统的除湿能力，除湿装置的上半部高 1000mm，内部充满了预先安装好的填料（填料其横截面积为 400mm×400mm，高度为 800mm），而其下半部则是用于储存除湿溶液的储罐（横截面积为 900mm×700mm，高度为 400mm）。

　　对于冷却器，如图 4.6 所示，有 4 个系统输入对其输出产生影响，它们分别是除湿溶液流量、冷冻水流量及其入口的温度。其中，除湿溶液流量和冷冻水流量可用控制系统进行调节；而它们的入口温度通常可视为系统模型的参数，这是因为这两个温度几乎可保持不变。而在除湿器中，如图 4.7 所示，有 6 个系统输入对其输出产生影响，它们分别是其入口除湿溶液的温度和浓度、入口空气的温度和湿度以及除湿溶液流量和空气流量。在这些输入中，只有除湿溶液流量和空气流量可用控制系统进行调节。此外，除湿器入口除湿溶液的温度可通过冷却器加以调节。总而言之，整个溶液除湿系统的操纵输入变量分别是除湿溶液流量、冷冻水流量以及过程空气流量。

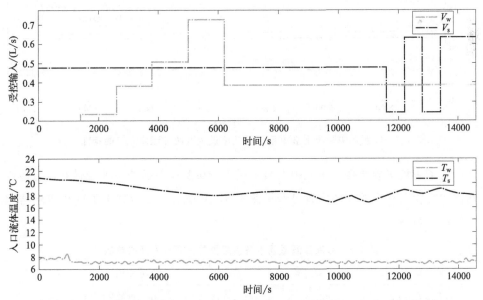

图 4.6　冷却器中除湿溶液流量、冷冻水流量及这两种流体入口的温度

　　在本节所研究的溶液除湿系统中，冷冻水流量通过数字球阀加以调节，除湿

溶液流量则通过其流过的泵上安装的变速驱动电机来进行调节，而过程空气流量也是通过安装在风机上的变速驱动电机来加以调节的。其中，阀门开度的变化范围用 $0\sim1$ 来表示，变速驱动电机的变频范围为 $0\sim50\,\mathrm{Hz}$，通过这些调节装置可供给除湿器的最大除湿溶液流量大约为 $36.5\,\mathrm{L/min}$，最大过程空气流量大约为 $17\,\mathrm{m^3/min}$。此外，由于氯化锂水溶液当其浓度在 $25\%\sim35\%$ 时，具有与整体能效的一致性[40]，所以选择其为本节所研究的除湿系统的干燥剂溶液。

在系统动态实验中，为了研究各个系统输入单独作用时对系统的影响，系统的各个输入是单独进行调整的，正如在图 4.6 和图 4.7 所显示的那样，当一个系统输入变化时，其他的系统输入保持不变，并且为了充分记录到系统变量的动态变化，对应每个输入变化的动态实验状态持续 $10\sim20\,\mathrm{min}$。

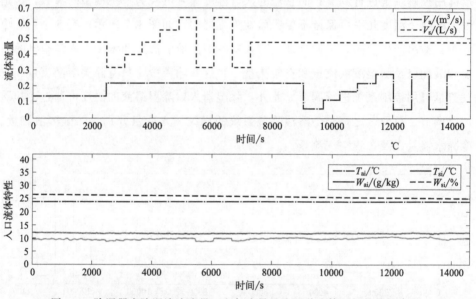

图 4.7　除湿器中除湿溶液流量、空气流量及这两种流体入口的特性参量

为了采集实验数据，系统中安装了用于测量实验数据的各种传感器，这些传感器在实验系统中的安装位置可参见图 4.5，并在表 4.1 中列出了这些传感器的主要技术规格参数。

表 4.1　溶液除湿系统中各传感器的主要技术规格参数

被测变量	传感器类型	精确度	测量范围	响应时间
$T_{si}, T_{so}, T_{wi}, T_{wo}$	PT100	$\pm0.15\,^\circ\mathrm{C}$	$0\sim100\,^\circ\mathrm{C}$	$\leqslant2\mathrm{s}$
T_{ai}, T_{ao}	PT1000	$\pm0.1\,^\circ\mathrm{C}$	$0\sim60\,^\circ\mathrm{C}$	$\leqslant2\mathrm{s}$

被测变量	传感器类型	精确度	测量范围	响应时间
ω_{ai}, ω_{ao}	HC1000	$\pm 2\%$	$0 \sim 100\% \, RH$	$\leqslant 10s$
$\dot{V}_s, \dot{V}_w$	SDLDB-25	$\pm 0.2\%$	$0.001 \sim 10 m^3/h$	—
ρ_s	Hydrometer	$\pm 1 kg/m^3$	$1.1 \sim 1.3 kg/L$	—
H_s	HH-D10G	$\pm 2\%$	$0.2 \sim 5m$	—

具体说来，在冷却器端口上安装了 4 个 PT100 温度变送器，用于测量除湿溶液以及冷冻水在冷却器入口和出口的流体温度；安装了两个电磁流量计，用于测量除湿溶液以及冷冻水在冷却器中的流体流量。而对于除湿器，通过安装的 EE21（PT1000 和 HC1000）测量变送器，分别测量过程空气在其入口和出口的流体温度以及湿度；而安装的气体流量计则用来测量过程空气的流量 $\dot{V}_a$。至于除湿溶液的浓度，其初始值可由所需温度下的密度值 ρ_s 换算出来，而其实时变化值可通过测量储罐中除湿溶液的液位高度值 H_s 计算出来。

在除湿系统动态建模中，通常要将这些测量变送器的动态考虑进去，但由于它们的动态特性相对于除湿器和冷却器本身的动态来说要快得多，所以可以忽略不计。所有经过测量的过程变量的值通过数据采集系统加以获取并存储起来，然后以 CSV 文件的形式导出。可将这些数据文件下载，用于系统模型参数的估计以及对系统模型的验证。

为了评价系统建模质量的好坏，选用了三种性能指标[44]，用于对辨识所得的系统模型进行定量评价。这三种性能指标分别是平均绝对误差

$$MAE = \frac{1}{n} \sum_{i=1}^{n} |y_i - \hat{y}_i| \qquad (4-18)$$

以及平均绝对相对误差

$$MARE = \frac{1}{n} \sum_{i=1}^{n} |(y_i - \hat{y}_i)/y_i| \qquad (4-19)$$

和均方根相对误差

$$RMSRE = \sqrt{\sum_{i=1}^{n} [(y_i - \hat{y}_i)/y_i]^2 / n} \times 100\% \qquad (4-20)$$

上述三式中 y_i 和 $\hat{y}_i$ 分别是在相同输入作用下，通过物理实验以及模型仿真获得的系统输出信号的采样值。

在本节所建立的系统模型中,将除湿器沿流体流动方向分成 N 个部分,N 的选择对建模质量起到了关键的作用。对近似描述除湿器内部各部分之间的动态相互作用来说,$N=2$ 是最小的取值。此外,在利用实验数据进行的模型仿真验证中,也对 N 分别选取为 3、4 和 5,进行了测试。测试结果表明 N 取这些值,所获得模型的输出预测精度的改进几乎可以忽略不计。于是在模型精度和复杂程度之间做出折中考虑后,最终选取 $N=2$。

在本节中,进行模型参数估计时采用了 LMA 与 EKF 相结合的算法。首先利用稳态实验数据,采用 LMA 算法对未知模型参数 c_1、c_2 和 c_3,以及 d_i($i=$ 1,2,…,8)做出初步估计,获得用于 EKF 算法进一步精确参数估计的良好初始估计值。由于传递系数(H_c,H_h,H_m)可直接通过稳态实验数据计算出来,所以在图 4.8 中将这些计算值与辨识获得的值进行了比较。由图中的比较可看出,在大多数情况下,这三个传递系数的计算值与辨识值之间的匹配程度是很好的。从定量方面可求得传递系数(H_c,H_h,H_m)计算值与辨识值之间的平均绝对相对误差($MARE$)分别是 0.34%、0.80% 和 4.29%,而均方根相对误

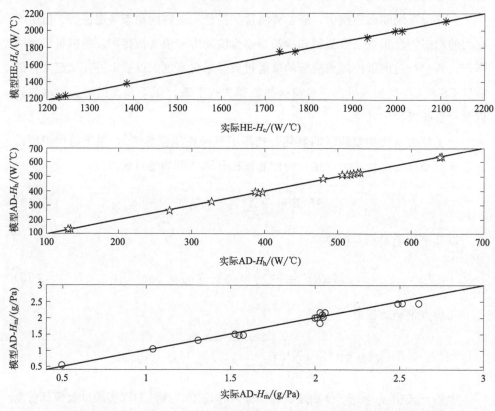

图 4.8　传递系数(H_c,H_h,H_m)的实验计算值与用 LMA 估计参数获得的辨识值的比较

差（RMSRE）分别为 0.51%、0.99% 和 5.24%，这验证了这三个传递系数的辨识值与计算值之间的一致性。其中质量传递系数 H_m 的辨识出现大的误差，是由等效蒸汽压的计算误差造成的。等效蒸汽压的计算非常复杂，并且包含强非线性因素。通过 LMA 算法获得的模型未知参数估计值，再进一步利用动态实验数据通过 EKF 参数估计算法，使模型参数的估计精确化。如图 4.9 所示，冷却器模型参数（M_s，M_w，c_1，c_2，c_3）的瞬态值分别收敛于 19.2921、19.4975、5.5300×10^3、0.5649 和 2.8329；而如图 4.10 所示，除湿器模型参数（M_a，d_1，d_2，d_3，d_4，d_5，d_6，d_7，d_8）的瞬态值分别收敛于 22.1055、5.0457×10^5、272.6342、5.7613、0.5828、0.2641、1.4484、4.1693 和 -1.0007。

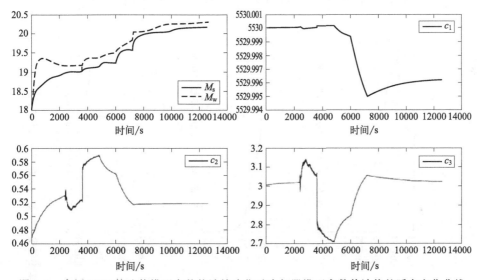

图 4.9　在用 EKF 算法使模型参数估计精确化时冷却器模型参数估计值的瞬态变化曲线

在上述可靠的模型参数估计的基础上，通过实验对本节所建立的系统模型进行了验证。在模型验证时，将系统物理实验装置与所建立的系统模型，在相同的输入作用下所产生的输出信号进行了比较。在图 4.11 中，将冷却器模型的输出预测值与实验数据进行了比较，除湿溶液以及冷冻水在冷却器出口的流体温度 T_{so} 和 T_{wo} 输出预测值的平均绝对误差（MAE）分别是 $0.23℃$ 和 $0.16℃$，而平均绝对相对误差（MARE）分别是 1.94% 和 1.11%。

在图 4.12 中，将除湿器模型的输出预测值与实验数据进行了比较。由图中数据可计算出，过程空气在其出口的流体温度以及湿度 T_{ao} 和 ω_{ao} 输出预测值的平均绝对误差（MAE）分别是 $0.25℃$ 和 $0.09g/kg$，而平均绝对相对误差（MARE）

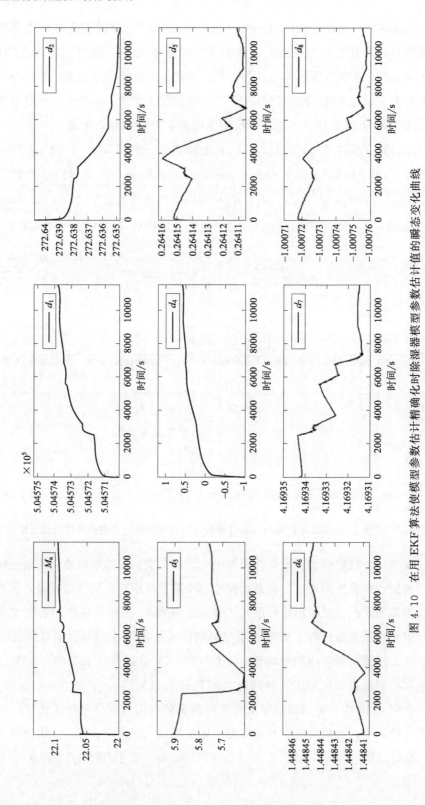

图 4.10 在用 EKF 算法使模型参数估计精确化时除湿器模型参数估计值的瞬态变化曲线

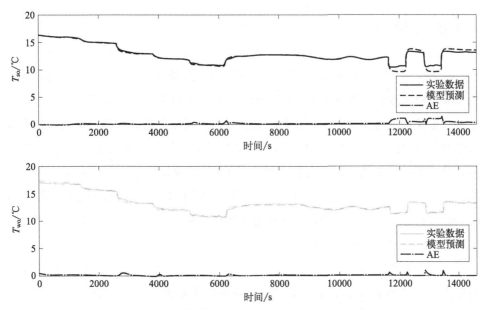

图 4.11 冷却器模型的输出预测值与实验数据的比较

分别是 2.35% 和 1.57%。模型验证结果表明所建立的系统模型与系统物理实验装置具有良好的拟合程度，虽然在系统状态瞬态变化过程中模型的预测误差可能会增加，但对于实时控制系统设计而言，所建立的系统动态模型已经足够精确了。

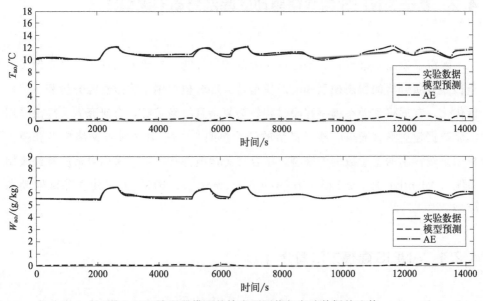

图 4.12 除湿器模型的输出预测值与实验数据的比较

4.1.6　结论

在本节中，基于热量和质量传递原理，针对溶液除湿系统提出了一种简单的动态模型建立方法。在这种方法中，流体性质的空间微分通过沿着流体流动方向上的离散化和动态相互作用，进行了近似处理。所建立的系统动态模型的所有未知参数，首先通过稳态实验数据利用 LMA 算法获得模型未知参数的初始估计值，然后再进一步利用动态实验数据通过 EKF 参数估计算法，使模型参数的估计值精确化。正如在图 4.11 和图 4.12 中所表明的那样，系统模型输出预测值与实验数据拟合程度良好，这验证了所建立的系统动态模型与实际物理实验系统的动态特性具有良好的匹配程度。

与大多数已有的系统模型相比较，本节所建立的系统模型描述了系统输入与输出之间的直接动态关系，此动态模型可以容易地在任何运行工作点，通过线性化转化成状态空间模型形式，以满足控制设计的需要。除此之外，模型计算中不需要任何迭代运算，因此在用模型进行系统输出预测时更加有效。本节所提出的除湿系统动态建模方法所带来的上述改进，将有助于其在今后的控制应用。

4.2　基于 ANFIS 的数据驱动的除湿器动态建模方法

除湿器模型的准确性关乎除湿系统的控制性能，在研究现状中已经介绍过基于传热传质分析的稳态模型和动态模型，大部分模型用于除湿性能分析和系统性能优化。常规机理动态模型建模过程较为复杂且不易求解，有研究人员提出采用实验数据建立形式简单、相对灵活的经验模型[30,45]，其中神经网络模型和模糊模型是较常用的基于数据的模型，结合二者建模优势，本节采用自适应神经模糊系统（Adaptive Neuro-Fuzzy Inference System，ANFIS）方法建立除湿器动态模型。

4.2.1　ANFIS 建模方法简介

ANFIS 最早由 J-S. R. Jang 提出，旨在解决模糊不确定系统的建模问题。经典模糊推理系统擅长根据已有理论知识和操作经验进行逻辑推理得到系统输出，但该系统不具备自学习功能，大量知识和经验需要经过人工处理和输入。近年来，神经网络以其强大的自学习功能特点受到各领域的关注，虽然神经网络系统能够根据系统运行数据学习得到系统运行的动态特征，但是不具备逻辑推理功能，无法准确地预测系统输出。ANFIS 是一种先进的智能建模方法，将神经网络的自学习功能和模糊逻辑的推理功能相结合，具有自适应的特点，通过混合算法即最小二乘法和 BP（Back Propagation，反向传播）算法相结合进行参数学习和调整，相较于其他建模方法，更适用于非线性系统建模和系统动态控制。典型的 ANFIS 模型结构如图 4.13 所示（以双输入变量 x_1、x_2，单输出变量 Y 为例）。

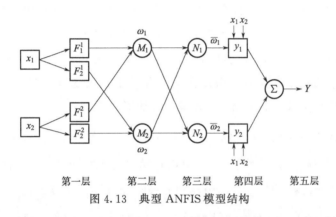

图 4.13　典型 ANFIS 模型结构

第一层（模糊化层）：将给定的输入变量模糊化后映射到模糊集 F_i，并根据初始的隶属度函数输出模糊变量对应的隶属度函数值。

第二层：该层主要完成规则前件模糊集的计算，所有输入信号通过本层的节点函数后输出其代数积，每一节点 M_i 的输出表示该条规则的激励强度 ω_i。

第三层：该层将完成所有规则激励强度的归一化处理，即得到 $\overline{\omega}_i$。

第四层：输入量 x_i 通过该层的节点函数求得每条规则的输出值 y_i，该节点函数根据参数学习结果不断自适应调整。

第五层（输出层）：该层汇集上层所有规则输出值，并通过加权求和的方式获得最终总输出值 Y，相较于其他清晰化算法，极大简化了数据处理工作。

目前，ANFIS 广泛应用于非线性、多变量复杂系统的建模。本书研究对象 LDAC 是一个非线性、多变量耦合、输出延迟的复杂系统，除湿过程固有的热湿耦合现象难以通过常规模型解耦。ANFIS 是基于数据集的建模方法，通过采集 LDAC 系统在不同工况下的运行数据，从大量数据集中获取数据信息特征，自适应调整并获得最佳模型的学习参数，使建立的模型能够准确预测 LDAC 系统的动态输出。由于 ANFIS 建模过程简单，且易于和多种控制方法相结合，因此采用 ANFIS 方法建模，便于开展系统动态控制研究。

4.2.2　除湿器动态模型的建立

根据上文的建模方法，本书提出了一种基于 Takagi-Sugeno 表达形式的模糊模型，该模型由一组 if-then 规则组成，能够自适应地模拟系统输入输出数据之间的关系。

本书除湿器模型为两输入两输出系统，输入变量为除湿器入口位置的溶液流量和溶液温度，输出变量为除湿器出口空气温度和湿度。在利用 ANFIS 方法建模时，分别建立除湿器动态输入与单一输出（出口空气温度或湿度）之间的映射关系。因此以多输入单输出（Multi-input Single-output，MISO）系统为例，介绍 MISO 系统 T-S 模型形式。假设该系统有 p 个输入变量，该系统由多条规则映射其输入输出关系，其中第 i 条模糊规则如下式所示。

$$\mathbf{R}^i : \text{if} y(k-1) \text{is} \mathbf{F}_1^i, \text{and} y(k-2) \text{is} \mathbf{F}_2^i, \cdots, \text{and} y(k-n_y) \text{is} \mathbf{F}_{n_y}^i,$$

$$\text{and } u_1(k-\tau_1) \text{is} \mathbf{F}_{n_y+1}^i, \cdots, \text{and } u_1(k-\tau_1-n_1) \text{is} \mathbf{F}_{n_y+n_1+1}^i \cdots,$$

$$u_p(k-\tau_p) \text{is} \mathbf{F}_{n_y+n_1+1}^i, \cdots, \text{and } u_p(k-\tau_p-n_p) \text{ is } \mathbf{F}_{n_y+n_1+\cdots+n_p+1}^i$$

$$\text{then} y^i(k) = a_{i0} + a_{i1} y(k-1) + a_{i2} y(k-2) + \cdots + a_{in_y} y(k-n_y) +$$

$$a_{i(n_y+1)} u_1(k-\tau_1) + \cdots + a_{i(n_y+n_1+\cdots+n_p+1)} u(k-\tau_p-n_p) \quad (4\text{-}21)$$

为简化上面公式，令

$$\begin{cases} x_1(k) = y(k-1) \\ x_2(k) = y(k-2) \\ \qquad \cdots \\ x_{n_y}(k) = y(k-n_y) \\ x_{n_y+1}(k) = u_1(k-\tau_1) \\ x_{n_y+n_1+1}(k) = u_1(k-\tau_1-n_1) \\ \qquad \cdots \\ x_{n_y+n_1+\cdots+n_p+1}(k) = u_p(k-\tau_p-n_p) \end{cases} \quad (4\text{-}22)$$

因此 MISO 系统模糊模型可由如下规则表示。

$$
\begin{cases}
\boldsymbol{R}^1 : \text{if } x_1 \text{ is } \boldsymbol{F}_1^1, \text{and } x_2 \text{ is } \boldsymbol{F}_2^1, \text{and} \cdots \text{and } x_n \text{ is } \boldsymbol{F}_n^1, \\
\qquad \text{then } y^1 = a_{10} + a_{11}x_1 + \cdots + a_{1n}x_n \\
\qquad\qquad\qquad\qquad \cdots \\
\boldsymbol{R}^i : \text{if } x_1 \text{ is } \boldsymbol{F}_1^i, \text{and } x_2 \text{ is } \boldsymbol{F}_2^i, \text{and} \cdots \text{and } x_n \text{ is } \boldsymbol{F}_n^i, \\
\qquad \text{then } y^i = a_{i0} + a_{i1}x_1 + \cdots + a_{in}x_n
\end{cases}
\tag{4-23}
$$

式中，y 表示 MISO 系统输出变量；$u_1 \sim u_p$ 表示多个输入变量；$\boldsymbol{F}$ 表示模糊变量由隶属度函数计算对应的模糊集合；τ 对应输入延迟时间；$n = n_y + n_1 + \cdots + n_p$ 表示规则前件的数目；a 表示输出权重因子。

由以上建模方法可以自适应地模拟除湿器输入输出数据之间的关系。为简化建模过程，本书提出以下设定条件：

① 再生器供应的除湿溶液浓度保持不变；

② 空调风机控制湿空气进入除湿器的风量保持不变；

③ 除湿器始终处于稳定运行状态。

基于 ANFIS 方法的除湿器模型用 T-S 模糊规则表示如下：

$$
\boldsymbol{R}^i : \text{if } \boldsymbol{Y}(k-1) \text{ is } \boldsymbol{F}_1^i, \boldsymbol{Y}(k) \text{ is } \boldsymbol{F}_2^i, \text{and } \boldsymbol{U}(k-1) \text{ is } \boldsymbol{F}_3^i, \text{and } \boldsymbol{U}(k) \text{ is } \boldsymbol{F}_4^i
$$

$$
\text{then } \boldsymbol{Y}^i(k+1) = \lambda_1^i \boldsymbol{Y}(k-1) + \lambda_2^i \boldsymbol{Y}(k) + \lambda_3^i \boldsymbol{U}(k-1) + \lambda_4^i \boldsymbol{U}(k)
$$

$$
\boldsymbol{Y} = \begin{bmatrix} y_1 \\ y_2 \end{bmatrix}, \boldsymbol{U} = \begin{bmatrix} u_1 \\ u_2 \end{bmatrix}, \boldsymbol{\lambda}^i = \begin{bmatrix} \lambda_1^i & \lambda_2^i \\ \lambda_3^i & \lambda_4^i \end{bmatrix}
$$

式中，y_1 和 y_2 表示系统被控变量，即除湿器出口空气温度和湿度；u_1 和 u_2 表示系统操作变量，即除湿溶液入口流量和温度；$\boldsymbol{F}_1^i - \boldsymbol{F}_4^i$ 表示第 i 条规则中各个模糊变量对应的模糊集合；向量 $\boldsymbol{\lambda}^i$ 表示通过自适应学习方法得到的规则 i 中权衡各输出量的影响因子；$\boldsymbol{x}^{\mathrm{T}} = [y_1^{k-1}, y_1^k, y_2^{k-1}, y_2^k, u_1^{k-1}, u_1^k, u_2^{k-1}, u_2^k]^{\mathrm{T}}$ 表示系统的前件向量，每一元素对应一个隶属度函数值 μ；k 表示采样时间间隔。经过多组实验数据在不同操作条件下的训练，可以获得几十条模糊规则，每条规则对应于一个适应值 α^i，该适应值与所选的隶属度函数有关，影响系统的最终输出值[46]，通过式（4-24）和式（4-25）将获得除湿器出口空气温度和湿度的预测值。

$$
\alpha_{1(2)}^i = \frac{\prod\limits_{j=1}^{8} \mu_j^i(\boldsymbol{x}(j))}{\sum\limits_{i=1}^{n_{1(2)f}} \prod\limits_{j=1}^{8} \mu_j^i(\boldsymbol{x}(j))}
\tag{4-24}
$$

$$y_{1(2)}(k+1) = \sum_{i=1}^{n_{1(2)f}} \alpha_{1(2)}^{i} y_{1(2)}(k+1)^{i} \qquad (4\text{-}25)$$

4.2.3　模型验证与误差分析

上文 ANFIS 方法建立的除湿器动态模型直接影响最终的控制效果，因此需要检验其动态预测性能。为了验证该模型的准确性，采用 LDAC 实验平台[47] （图 4.14），提供模型训练和验证所需要的实验数据。该实验平台主要包括除湿器、制冷机、空调风机、浓溶液贮存槽等实验设备，（表 4.2 列出了相关实验设备的技术参数）还有温湿度传感器、空气和溶液流量计以及溶液温度传感器等数据测量仪器（表 4.3 给出了相应传感器的规格说明）。由 4.2.2 节中的设定条件，湿空气入口的风量变化和除湿溶液入口浓度变化忽略不计，在 LDAC 系统运行过程中，调节溶液泵的转速和制冷机的工作状态，获得除湿器入口溶液流量和温度即控制变量的阶跃变化，使采集的实验数据能够反映 LDAC 系统的动态响应。除湿器出口空气温度和湿度由相应的传感器采集并通过信号传送器传至数据采集系统中，实验数据的采样间隔为 1min。表 4.4 给出实验中除湿溶液和湿空气对应各变量的变化范围，将最终获得的实验数据分成两部分：一部分用于模型训练，另一部分用于模型验证。

图 4.14　LDAC 系统测试平台

1—空调风机；2—制冷机的换热器；3—实验数据采集系统；4—控制操作板；

5—浓除湿溶液储存箱；6—溶液缓冲储藏箱

表 4.2 LDAC 实验设备技术参数

参数	值
除湿器高度/m	2.10
填料高度/m	1.00
除湿器内径/m	0.50
溶液缓冲储藏箱体积/m³	0.40
浓溶液储存箱体积/m³	0.30
填料波纹倾角/(°)	45

表 4.3 配置传感器参数说明

传感器类型	精度	范围	型号	公司（国家）
空气温、湿度传感器	±0.1℃、±0.5%	0~60℃、0~100%	EE210	E+E(Austria)
空气流量计	±0.5%	0~600m³/h	CP300	KIMO(France)
溶液温度传感器	±0.15℃	0~100℃	PT100	ENLAI(China)
溶液流量计	±0.5%	0~50L/min	SDLDB	ShiDa(China)

表 4.4 实验数据中除湿溶液和湿空气对应的变量范围

项目	m_{s}/(kg/s)	$T_{s,in}$/℃	ω_{a}/(g/kg)	$T_{a,o}$/℃
下限值	0.40	13.28	5.42	12.95
上限值	0.64	18.42	9.46	24.63

图 4.15 给出了模型验证过程中 LDAC 控制变量的变化趋势，从图中可以看出，前 60min，溶液入口流量始终保持一个较低的值，在 60min 左右，溶液入口流量突然增加然后保持不变，在系统控制量突变的情况下，模型预测除湿器出口空气的温、湿度仍能保持较小的误差，由此说明，该模型能够较好地适应 LDAC 动态变化的工况。

通过仿真比较实验数据与预测模型的输出，并引入相对误差（*RE*）、均方根误差（*RMSE*）以及平均绝对误差（*MAE*）等评估指标来衡量建立的除湿器动态模型在输出预测方面的准确性。

$$RE_{i} = \frac{y_{real}^{i} - y_{calc}^{i}}{y_{real}^{i}} \times 100\%$$
(4-26)

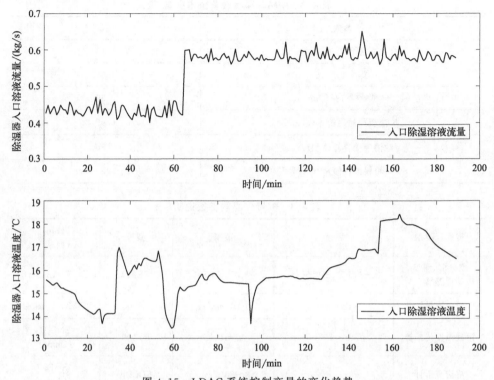

图 4.15　LDAC 系统控制变量的变化趋势

$$RMSE = \sqrt{\frac{\sum\limits_{i=1}^{N}(y_{\text{real}}^{i} - y_{\text{calc}}^{i})^2}{N}} \qquad (4\text{-}27)$$

$$MAE = \frac{\sum\limits_{i=1}^{N}|y_{\text{real}}^{i} - y_{\text{calc}}^{i}|}{N} \qquad (4\text{-}28)$$

式中，y_{real}^{i} 和 y_{calc}^{i} 分别表示第 i 个实验数据值和模型预测值；N 表示样本数目。本书选用 189 个实验数据值（均在除湿器的工作范围内）来验证模型预测的准确性。

图 4.16 给出了空气状态的模型预测值与实验测量值的对比图，其中带星实线代表实验测量值，虚线表示模型预测输出值。从图中可以看出，模型预测输出值与实验测量值之间拟合度非常高，表 4.5 给出了除湿器出口空气状态的 RMSE 值和 MAE 值，其中，出口空气温度和湿度的均方根误差分别为 0.1℃ 和 0.06g/kg。图 4.17 给出了模型预测输出值与实际测量值之间的相对误差结果，经计算，除湿器出口空气温度和湿度的相对误差分别低于 2% 和 4%，因此说明

ANFIS训练的动态模型能够准确地预测 LDAC 控制量与空气状态输出量之间的关系。

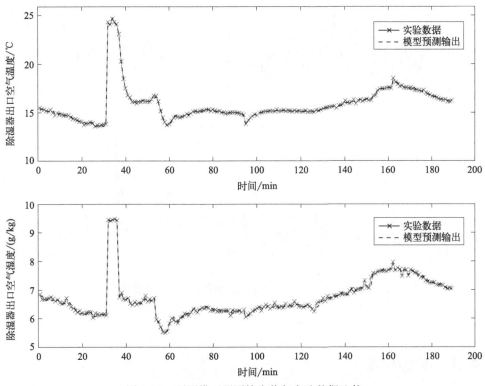

图 4.16　预测模型预测输出值与实验数据比较

表 4.5　出口空气状态的 *RMSE* 和 *MAE*

项目	*RMSE*	*MAE*
出口空气温度/℃	0.10	0.07
出口空气湿度/(g/kg)	0.06	0.05

4.2.4　结论

本节主要针对 LDAC 系统建立除湿器动态预测模型，传统建模方法较为复杂，建模成本高且不易与动态控制相结合。本节提出了基于实验数据利用 ANFIS 方法建立除湿器动态预测模型的方法，并验证了建立的动态模型的准确性。验证结果表明，建立的动态模型对除湿器出口空气温度和湿度预测精度分别低于 2% 和 4%，可以满足除湿器出口温度和湿度的动态预测要求。

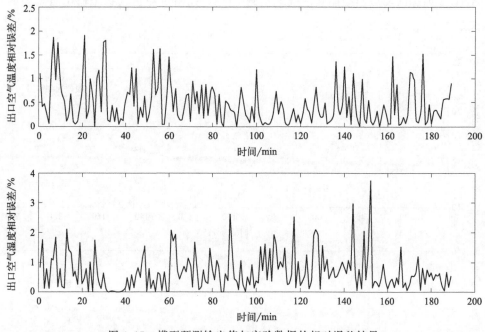

图 4.17　模型预测输出值与实验数据的相对误差结果

4.3　本章小结

　　溶液除湿空调（Liquid Desiccant Air Conditioning，LDAC）主要由除湿器和再生器组成，本章以除湿器的动态建模为例介绍了提出的系统动态建模方法。空气与溶液间动态传热传质过程固有的耦合、非线性及时滞特性，致使 LDAC 的动态建模问题十分棘手。为了既对溶液除湿空调系统的性能进行调节，又对其能耗进行优化控制，急需研发出高效的溶液除湿空调过程控制系统，而这些方面在已有的文献中却很少涉及。同时为满足溶液除湿空调优化控制设计的需求，则需要深入研究其面向控制的建模方法。本章基于混合建模思想和数据驱动技术，探索 LDAC 动态传热传质机理及面向控制的混合建模方法，在 4.1 节中建立的除湿器动态模型，与大多数已有的系统模型相比较，所建立的系统模型描述了系统输入与输出之间的直接动态关系，此动态模型可以容易地在任何运行工作点，通过线性化转化成状态空间模型形式，以满足控制设计的需要。除此之外，模型计算中不需要任何迭代运算，因此在用模型进行系统输出预测时更加有效，特别适合于今后控制设计和故障诊断中的应用。在 4.2 节中，提出的基于 ANFIS 的数据驱动的除湿器动态建模方法，通过采集 LDAC 系统在不同工况下的运行数据，从大量数据集中获取数据信息特征，自适应调整并获得最佳模型的学习参数，使建立的模型能够准确预测 LDAC 系统的动态输出。由于 ANFIS 建模过程简单，且易于和多种控制方法相结合，因此采用 ANFIS 方法建模，便于后面针对溶液除湿空调系统开展系统动态控制研究，这方面详细的研究内容参见本书第七章。

参考文献

[1]　ANSI/ASHRAE 62.1-2004. Ventilation for acceptable indoor air quality [S].

[2]　BCA. Building energy benchmarking report 2015 [R]. Singapore: Green Building Policy Department, Building and Construction Authority, 2015.

[3]　McDowall R. Fundamentals of HVAC systems [M]. Academic Press, 2006.

[4]　Mazzei P, Minichiello F, Palma D. HVAC dehumidification systems for thermal comfort: a critical review [J]. Applied thermal engineering, 2005, 25 (5/6): 677-707.

[5]　Mohammad A T, Mat S B, Sulaiman M Y, et al. Survey of liquid desiccant dehumidification system based on integrated vapor compression technology for building applications [J]. Energy and Buildings, 2013, 62: 1-14.

[6]　Mei L, Dai Y J. A technical review on use of liquid-desiccant dehumidification for air-conditioning application [J]. Renewable and Sustainable Energy Reviews, 2008, 12 (3): 662-689.

[7]　Ge G, Xiao F, Niu X. Control strategies for a liquid desiccant air-conditioning system [J]. Energy and Buildings, 2011, 43 (6): 1499-1507.

[8]　Liu X H, Jiang Y, Yi X Q. Effect of regeneration mode on the performance of liquid desiccant packed bed regenerator [J]. Renewable Energy, 2009, 34 (1): 209-216.

[9]　Mohammad A T, Mat S B, Sopian K, et al. Survey of the control strategy of liquid desiccant systems [J]. Renewable and Sustainable Energy Reviews, 2016, 58: 250-258.

[10]　Qi R, Lu L, Yang H, et al. Investigation on wetted area and film thickness for falling film liquid desiccant regeneration system [J]. Applied Energy, 2013, 112: 93-101.

[11]　Xiong Z Q, Dai Y J, Wang R Z. Development of a novel two-stage liquid desiccant dehumidification system assisted by $CaCl_2$ solution using exergy analysis method [J]. Applied Energy, 2010, 87 (5): 1495-1504.

[12] La D, Dai Y J, Li Y, et al. An experimental investigation on the integration of two-stage dehumidification and regenerative evaporative cooling [J]. Applied Energy, 2013, 102: 1218-1228.

[13] Xiao F, Ge G, Niu X. Control performance of a dedicated outdoor air system adopting liquid desiccant dehumidification [J]. Applied Energy, 2011, 88 (1): 143-149.

[14] Ge G, Xiao F, Xu X. Model-based optimal control of a dedicated outdoor air-chilled ceiling system using liquid desiccant and membrane-based total heat recovery [J]. Applied Energy, 2011, 88 (11): 4180-4190.

[15] O﹒berg V, Goswami D Y. Experimental study of the heat and mass transfer in a packed bed liquid desiccant air dehumidifier [J]. Journal of Solar Energy Engineering-Transactions of The ASME, 1998, 12 (4): 289-297.

[16] Audah N, Ghaddar N, Ghali K. Optimized solar-powered liquid desiccant system to supply building fresh water and cooling needs [J]. Applied Energy, 2011, 88 (11): 3726-3736.

[17] Lazzarin R M, Gasparella A, Longo G A. Chemical dehumidification by liquid desiccants: theory and experiment [J]. International Journal of Refrigeration, 1999, 22 (4): 334-347.

[18] Peng D, Zhang X. An analytical model for coupled heat and mass transfer processes in solar collector/regenerator using liquid desiccant [J]. AppliedEnergy, 2011, 88 (7): 2436-2444.

[19] Liu X H, Jiang Y, Qu K Y. Heat and mass transfer model of cross flow liquid desiccant air dehumidifier/regenerator [J]. Energy Conversion and Management, 2007, 48 (2): 546-554.

[20] Ren C Q, Jiang Y, Zhang Y P. Simplified analysis of coupled heat and mass transfer processes in packed bed liquid desiccant-air contact system [J]. Solar Energy, 2006, 80 (1): 121-131.

[21] Stevens D I, Braun J E, Klein S A. An effectiveness model of liquid-desiccant system heat/mass exchangers [J]. Solar Energy, 1989, 42 (6): 449-455.

[22] Ren C Q. Corrections to the simple effectiveness-NTU method for counterflow cooling towers and packed bed liquid desiccant-air contact systems [J]. International Journal of Heat and Mass Transfer, 2008, 51 (1/2): 237-245.

[23] Liu X H, Jiang Y, Qu K Y. Heat and mass transfer model of cross flow liquid desiccant air dehumidifier/regenerator [J]. Energy Conversion and Management, 2007, 48 (2): 546-554.

[24] Sadasivam M, Balakrishnan A R. Effectiveness-NTU method for design of packed bed

liquid desiccant dehumidifiers [J]. Chemical engineering research & design, 1992, 70 (6): 572-577.

[25] Gandhidasan P. A simplified model for air dehumidification with liquid desiccant [J]. Solar Energy, 2004, 76 (4): 409-416.

[26] Park J Y, Yoon D S, Lee S J, et al. Empirical model for predicting the dehumidification effectiveness of a liquid desiccant system [J]. Energy and Buildings, 2016, 126: 447-454.

[27] Yang Z, Zhang K, Hwang Y, et al. Performance investigation on the ultrasonic atomization liquid desiccant regeneration system [J]. Applied Energy, 2016, 171: 12-25.

[28] Khan A Y. Sensitivity analysis and component modelling of a packed-type liquid desiccant system at partial load operating conditions [J]. International Journal of Energy Research, 1994, 18 (7): 643-655.

[29] Kim M H, Park J Y, Jeong J W. Simplified model for packed-bed tower regenerator in a liquid desiccant system [J]. Applied Thermal Engineering, 2015, 89: 717-726.

[30] Wang X L, Cai W J, Lu J G, et al. A hybrid dehumidifier model for real-time performance monitoring, control and optimization in liquid desiccant dehumidification system [J]. Applied Energy, 2013, 111: 449-455.

[31] Yin Y, Zhang X, Peng D, et al. Model validation and case study on internally cooled/heated dehumidifier/regenerator of liquid desiccant systems [J]. International Journal of Thermal Sciences, 2009, 48 (8): 1664-1671.

[32] Babakhani D, Soleymani M. Simplified analysis of heat and mass transfer model in liquid desiccant regeneration process [J]. Journal of the Taiwan Institute of Chemical Engineers, 2010, 41 (3): 259-267.

[33] Peng S W, Pan Z M. Heat and mass transfer in liquid desiccant air-conditioning process at low flow conditions [J]. Communications in Nonlinear Science and Numerical Simulation, 2009, 14 (9/10): 3599-3607.

[34] Jin G Y, Cai W J, Wang Y W, et al. A simple dynamic model of cooling coil unit [J]. Energy Conversion and Management, 2006, 47 (15/16): 2659-2672.

[35] Ljung L, Glad T. Modeling of dynamic systems [M]. Prentice-Hall, Inc. , 1994.

[36] Harriman L G. The dehumidification handbook [J]. 1990.

[37] Speight J. Lange's handbook of chemistry [M]. McGraw-Hill Education, 2005.

[38] Dipprey D F, Sabersky R H. Heat and momentum transfer in smooth and rough tubes at various Prandtl numbers [J]. International Journal of Heat and Mass Transfer, 1963, 6 (5): 329-353.

[39] Dutton F B. Dalton's law of partial pressures [J]. Journal of Chemical Education, 1961,

38 (8): A545.

[40] Conde M R. Properties of aqueous solutions of lithium and calcium chlorides: formulations for use in air conditioning equipment design [J]. International Journal of Thermal Sciences, 2004, 43 (4): 367-382.

[41] Corigliano A, Mariani S. Parameter identification in explicit structural dynamics: performance of the extended Kalman filter [J]. Computer Methods in Applied Mechanics and Engineering, 2004, 193 (36-38): 3807-3835.

[42] Sinha S K, Nagaraja T. Extended Kalman filter algorithm for continuous system parameter identification [J]. Computers & Electrical Engineering, 1990, 16 (1): 51-64.

[43] Julier S, Uhlmann J, Durrant-Whyte H F. A new method for the nonlinear transformation of means and covariances in filters and estimators [J]. IEEE Transactions onAutomatic Control, 2000, 45 (3): 477-482.

[44] Hyndman R J, Koehler A B. Another look at measures of forecast accuracy [J]. International Journal of Forecasting, 2006, 22 (4): 679-688.

[45] Naik B K, Muthukumar P, Kumar P S. A novel finite difference model coupled with recursive algorithm for analyzing heat and mass transfer processes in a cross flow dehumidifier/regenerator [J]. International Journal of Thermal Sciences, 2018, 131: 1-13.

[45] Preglej A, Rehrl J, Schwingshackl D, et al. Energy-efficient fuzzy model-based multivariable predictive control of a HVAC system [J]. Energy and Buildings, 2014, 82: 520-533.

[47] Wu Q, Cai W J, Wang X L, et al. Dehumidifier desiccant concentration soft-sensor for a distributed operating Liquid Desiccant Dehumidification System [J]. Energy and Buildings, 2016, 129: 215-226.

第五章

溶液除湿器实时运行
优化策略

5.1 概述

第三章建立了溶液除湿空调系统中除湿器和再生器内传热传质混合模型,该模型形式简单、计算复杂度低、不需要迭代计算、可以准确预测溶液除湿空调系统的性能。从建立混合模型的形式上来看,除湿器内溶液流量、温度和浓度,空气流量、温度和相对湿度均可以影响除湿器的空气除湿性能。除湿器在运行过程中需要消耗冷量降低溶液的温度,同时溶液循环和空气的流动需要除湿溶液泵和除湿风机消耗电能米驱动。除湿器在处理空气过程中承担了室内全部的湿负荷和部分显热负荷,需要消耗大量的能量。简单的运行策略虽能满足空气除湿要求,但若运行策略变量之间匹配不合理,易造成能量的浪费。为了进一步挖掘除湿器的节能潜力,充分发挥溶液除湿的节能优势,需要对除湿器的运行策略进行优化。

本章针对除湿器实时运行优化策略进行研究。利用第三章建立的除湿器的传热传质混合模型,可以实时地对除湿器性能进行评估与预测,为除湿器实时运行优化策略开发提供可能。通过分析除湿器各个部件能耗特点,建立以除湿器总能耗为优化目标,以除湿器溶液流量和温度为优化变量的优化模型,并采用进化遗传算法对优化模型进行求解。最后将除湿器实时运行优化策略投运到搭建的溶液除湿空调系统平台中来验证其节能效果。

5.2　除湿器能量混合模型建立

要实现对除湿器运行过程中能耗的实时优化，需要在不同运行工况下对除湿器的能耗进行准确而实时的预测。这就要求系统能量模型具有简单、准确且低计算复杂度的特点。理论模型通常可以比较准确地反映系统的非线性和复杂性的特点，但理论模型建立过程十分复杂同时具有较高的计算复杂度。混合模型通过对过程进行理论分析，建立模型基本形式，然后通过实时运行数据辨识最终确定模型参数。混合模型能够反映系统的内在特点，并能简单、准确、实时地对系统运行性能进行预测。下面本节就通过分析除湿器的各个组成部件的特点，建立制冷机、除湿风机和除湿溶液泵的能量混合模型。

5.2.1　制冷机能量混合模型

本书采用以蒸汽压缩制冷循环为基础的制冷机为除湿器提供冷量，如图 5.1 所示，除湿换热器、压缩机、冷凝器和膨胀阀组成了蒸汽压缩制冷循环制冷机。制冷机将液态的 R134a 制冷剂经过膨胀后通入除湿换热器，与流经除湿换热器的溶液进行换热。溶液温度下降后，流入填料除湿塔，与空气接触进行空气除湿。

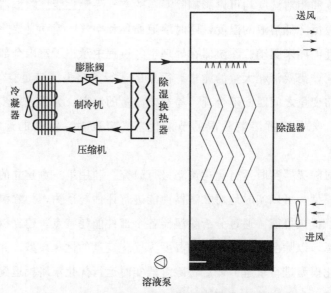

图 5.1　蒸汽压缩制冷循环制冷机驱动的溶液除湿器

以蒸汽压缩制冷循环为基础的制冷机是一个十分复杂的系统，它的能耗与制冷机压缩机转速、制冷剂流量、蒸发压力、冷凝压力、蒸发器冷凝器换热情况等多个因素有关。研究者针对蒸汽压缩制冷循环进行了大量的研究，提出了多种复杂的模型。J. M. Gordon 等[1] 在解决离心制冷机的故障诊断问题时研究了制冷机的能量模型，他们认为制冷机的能耗与冷凝器和蒸发器的周围环境温度、换热量、换热效率等因素有关。S. H. Lee 等[2] 建立了双回路螺杆制冷机组的能量预测数学模型，分别列出压缩机、蒸发器、冷凝器和膨胀阀的热力学方程和经验方程来描述制冷机组的能耗。F. W. Yu 和 K. T. Chan[3] 考虑了蒸发器和冷凝器的换热情况和压缩机的等熵效率与传动效率，建立了由变频器控制冷凝器风机的风冷式螺杆制冷机的能量模型。

前人研究的模型可以准确地评估、预测制冷机的性能和能耗，但模型形式复杂，需要大量的经验数据和复杂的计算，不适合应用在系统的实时性能评估和能耗预测领域。本书只关注制冷机稳定工作时的能耗，认为制冷机的外界环境稳定，制冷循环的高压和冷凝温度等因素不变。因此本书采用 Yung-Chung Chang 提出的利用制冷机部分负荷比 PLR（Part Load Ratio）来表示制冷机的能耗[4]。制冷机的部分负荷比定义为制冷机的实际制冷量与额定制冷量的比，即

$$PLR_c = \frac{Q_c}{Q_{c,nom}} \tag{5-1}$$

式(5-1) 中，PLR_c 为除湿器中制冷机的部分负荷比；Q_c 和 $Q_{c,nom}$ 分别为制冷机的实际制冷量和额定制冷量，W。在本书中，制冷机产生的实际制冷量为除湿换热器吸收的冷量，可以用溶液通过除湿换热器的能量变化来表示，即

$$Q_c = C_s m_{s,d}(T_{s,d,inc} - T_{s,d,outc}) \tag{5-2}$$

式(5-2) 中，C_s 为除湿剂溶液的比热容，J/(kg·℃)；$T_{s,d,inc}$ 和 $T_{s,d,outc}$ 分别为除湿换热器的进口和出口溶液温度，℃。制冷机的能耗可以通过以下的拟合公式来表达，即

$$E_c = a_{c,3}PLR_c^3 + a_{c,2}PLR_c^2 + a_{c,1}PLR_c + a_{c,0} \tag{5-3}$$

式(5-3) 中，E_c 为除湿器制冷机消耗的电能，W；$a_{c,0} \sim a_{c,3}$ 为制冷机能耗混合模型的待拟合参数。将制冷机的额定参数和运行数据结合，通过参数辨识算法可以得到拟合参数的值，从而得到制冷机的能量混合模型。

5.2.2　除湿风机能量混合模型

除湿风机依靠电机驱动叶片旋转输送风量。它的能耗可以通过风机的部分负

荷比立方函数来表示[5-7]，即

$$PLR_{f,d} = \frac{m_{a,d}}{m_{a,d,nom}} \tag{5-4}$$

$$E_{f,d} = E_{f,d,nom}(a_{f,3}PLR_{f,d}^3 + a_{f,2}PLR_{f,d}^2 + a_{f,1}PLR_{f,d} + a_{f,0}) \tag{5-5}$$

式(5-4)和式(5-5)中，$PLR_{f,d}$为除湿风机的部分负荷比；$m_{a,d,nom}$为除湿风机的额定风量，kg/s；$E_{f,d}$和$E_{f,d,nom}$分别为除湿风机的实际能耗和额定能耗，W；$a_{f,0} \sim a_{f,3}$为除湿风机能量混合模型的待拟合参数。

5.2.3 除湿溶液泵能量混合模型

和除湿风机类似，除湿溶液泵的能耗同样可以通过溶液泵的部分负荷比的立方函数来表示，即

$$PLR_{p,d} = \frac{m_{s,d}}{m_{s,d,nom}} \tag{5-6}$$

$$E_{p,d} = E_{p,d,nom}(a_{p,3}PLR_{p,d}^3 + a_{p,2}PLR_{p,d}^2 + a_{p,1}PLR_{p,d} + a_{p,0}) \tag{5-7}$$

式(5-6)和式(5-7)中，$PLR_{p,d}$为除湿溶液泵的部分负荷比；$m_{s,d,nom}$为除湿溶液泵的额定流量，kg/s；$E_{p,d}$和$E_{p,d,nom}$分别为除湿溶液泵的实际能耗和额定能耗，W；$a_{p,0} \sim a_{p,3}$为除湿溶液泵能量混合模型的待拟合参数。

5.2.4 能量混合模型辨识与验证

以上建立的除湿器制冷机、除湿风机和除湿溶液泵的能量混合模型需要结合各个部件的额定参数和历史运行数据来确定其中的待定参数。各个部件的额定参数如表5.1所示。

表5.1 除湿器中各个部件的额定参数

部件名称	额定参数
制冷机	$Q_{c,nom} = 6.0kW$
除湿风机	$E_{f,nom} = 113W, m_{a,d,nom} = 384kg/h$
除湿溶液泵	$E_{p,nom} = 113W, m_{s,d,nom} = 0.32kg/s$

运行溶液除湿空调系统实验平台，利用系统中的数据采集与输出控制系统得到系统运行数据和实时能耗。为了更加充分地验证模型的准确性，在各部件

30%～100%工作区间内选取相应的能耗数据点作为验证数据。通过参数辨识算法得到各个部件能量混合模型的参数，然后将混合模型预测的能耗与实际测量能耗进行比较。图5.2、图5.3分别展示了除湿器制冷机的能量混合模型验证结果和相对误差。从图中可以看出制冷机能量混合模型能够很好地预测其能耗，与实验测量结果十分切合，相对误差在12%以内。

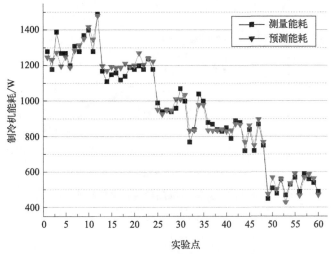

图5.2　制冷机能量混合模型验证

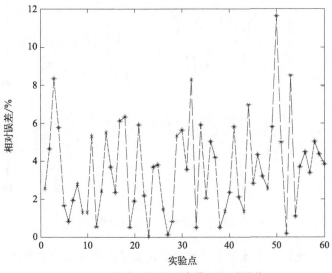

图5.3　制冷机能量混合模型相对误差

图5.4～图5.7分别给出了除湿风机和除湿溶液泵能量混合模型验证结果和相对误差。从图中可以得出，除湿风机和溶液泵的混合模型具有更高的准确性，相对

误差在 5% 以内。这是由于制冷机相对除湿风机和除湿溶液泵具有更加复杂的结构，建立模型过程中需要引入较多的假设，同时也带来了更多的不确定性和误差。

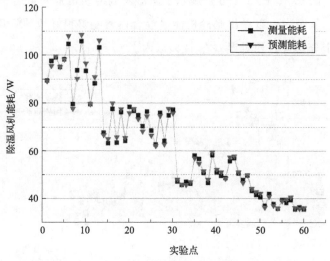

图 5.4　除湿风机能量混合模型验证

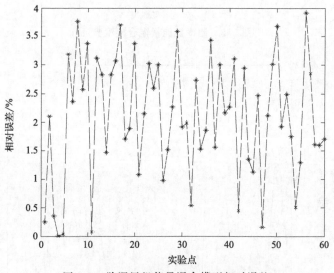

图 5.5　除湿风机能量混合模型相对误差

　　表 5.2 通过统计方法分析了三种模型在能量预测方面的准确性。验证结果表明建立的能量混合模型可以利用除湿器内相关变量准确而实时地计算相应部件的能耗，平均相对误差在 4% 以内，可以对除湿器不同运行策略给予合理快速的能量评估，从而对除湿器的运行策略进行实时优化。

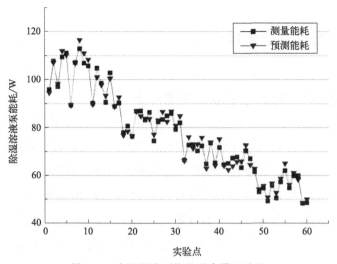

图 5.6　除湿溶液泵能量混合模型验证

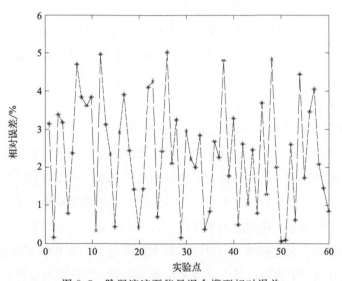

图 5.7　除湿溶液泵能量混合模型相对误差

表 5.2　除湿器能量混合模型能耗预测准确性

能量混合模型	MRE/%	RMSE	STD_RE
制冷机	3.58	0.043	0.0244
除湿风机	2.09	0.023	0.0106
除湿溶液泵	2.35	0.027	0.0142

5.3　除湿器优化模型建立

5.3.1　除湿器优化目标函数与变量分析

除湿器的功能是降低空气温度与湿度，满足人们对室内环境的要求。作为实际系统，除湿器运行过程中还需满足一定的物理约束。因此除湿器的实时运行优化策略为：在满足空调系统用户环境需求和各个部件之间物理约束条件的前提下，一种可行的运行方案使除湿器总能耗最小。除湿器优化目标函数 $E_{\mathrm{d,total}}$ 为除湿器各个部件能耗之和，即制冷机、除湿风机和除湿溶液泵能耗之和，公式如下：

$$E_{\mathrm{d,total}} = E_{\mathrm{c}} + E_{\mathrm{f,d}} + E_{\mathrm{p,d}} \tag{5-8}$$

5.2 节建立了除湿器中各个部件的能量预测混合模型，因此除湿器的总能耗可以用相应的混合模型表示。此外除湿器中还有其他变量影响除湿器性能（传热传质性能），如溶液流量、温度和浓度，空气流量、温度和相对湿度等。经分析，除湿器中的变量可以分为以下三类：

① 优化变量：优化模型求解过程中需要不断改变优化变量的值来调节目标函数，最终确定优化方案实现除湿器实时优化。通过第三章建模分析可得，溶液的流量、温度和浓度，空气的流量、温度和相对湿度均可以影响除湿器的传热传质过程，决定除湿器出口空气状态。除湿器进口空气温度和相对湿度由外界空气状态决定，空气流量又根据空调系统用户需求来决定，以上的变量在除湿器实时运行优化过程中均无法控制。同时除湿器在除湿过程中溶液浓度变化十分缓慢，在一个优化时间间隔内可以认为溶液浓度基本不变。因此本书选择除湿器内溶液的流量和温度（$m_{\mathrm{s,d}}$ 和 $T_{\mathrm{s,d}}$）作为优化变量，通过优化求解算法在优化变量可行域内进行搜索，找到可行的优化设定值。

② 独立变量：在优化问题求解之前需要赋值的变量是独立变量。本书涉及的除湿器实时运行优化问题的独立变量需要从以下三个方面来确定。外界空气条件：空气温度 $T_{\mathrm{a,d}}$ 和相对湿度 $\varphi_{\mathrm{a,d}}$。空调系统用户需求：除湿空气风量 $m_{\mathrm{a,d,req}}$，需求空气温度 $T_{\mathrm{a,d,req}}$ 和相对湿度 $\varphi_{\mathrm{a,d,req}}$。除湿器底部溶液状态：从除湿器底部由除湿溶液泵引入除湿换热器内溶液的温度 $T_{\mathrm{s,d,inc}}$ 和浓度 $\omega_{\mathrm{s,d,inc}}$。以

上独立变量需根据实际情况赋予合理的值，才可以进行优化模型的求解。

③ 非独立变量：能够通过优化变量和独立变量来表示的变量为非独立变量。除湿器实时运行优化问题涉及的非独立变量有制冷机的实际制冷量 Q_c、空气水蒸气分压 $p_{a,d}$、除湿器内溶液表面水蒸气分压 $p_{s,d}^*$、除湿器进出口空气含湿量 $d_{a,din}$ 和 $d_{a,dout}$ 及除湿换热器出口溶液温度 $T_{s,d,outc}$。以上变量均可以通过分析除湿器内流体的性质和部件间的相互关系以优化变量和独立变量来表示。

除湿器实时运行优化问题中的变量类别分析如表 5.3 所示。

表 5.3 除湿器中的变量类别分析

变量类别	变量名
优化变量	$T_{s,d}, m_{s,d}$
独立变量	$T_{a,d}, \varphi_{a,d}, m_{a,d,req}, T_{a,d,req}, \varphi_{a,d,req}, T_{s,d,inc}, \omega_{s,d,inc}$
非独立变量	$Q_c, p_{a,d}, p_{s,d}^*, d_{a,din}, d_{a,dout}, T_{s,d,outc}$

5.3.2 除湿器约束条件

作为一个实际系统，除湿器优化模型中各个变量之间需要满足一定的约束条件才能保证实时运行优化策略给出方案的可行性。这种变量之间的约束条件主要集中在变量的工作范围和变量之间的相互关系两方面。

溶液流量：除湿溶液泵的额定特性决定了除湿器内溶液流量上限，同时溶液流量又不能太低，否则除湿塔内的填料无法被溶液充分湿润而形成稳定的液膜，导致除湿器内传质传热性能急剧变差，无法满足除湿器的正常工作。因此除湿器溶液流量需满足以下约束条件，即

$$m_{s,d,min} \leqslant m_{s,d} \leqslant m_{s,d,max} \tag{5-9}$$

溶液温度：根据换热分析，除湿器内溶液温度也有一定的上下限，由制冷机提供的冷量来决定。

$$T_{s,d,outc,min} \leqslant T_{s,d,outc} \leqslant T_{s,d,outc,max} \tag{5-10}$$

制冷机冷量：本书设计的溶液除湿空调系统中制冷机通过变频器来调节其制冷量。制冷机的运行频率不能太低，否则压缩机电机温度过高会影响使用寿命。因此制冷机提供的制冷量有下限，同时制冷量上限为制冷机的额定制冷量，即

$$Q_{c,min} \leqslant Q_c \leqslant Q_{c,nom} \tag{5-11}$$

除此之外，根据除湿器各个部件之间的联系，一些变量之间还具有一定的相互关系。如除湿换热器出口溶液温度与除湿塔进口溶液温度相等，即

$$T_{\mathrm{s,d,outc}} = T_{\mathrm{s,din}} \qquad (5\text{-}12)$$

为了使除湿器能够满足空调用户的需求，除湿器需要提供与空调用户需求一致的空气温度和相对湿度，即

$$T_{\mathrm{a,dout}} = T_{\mathrm{a,d,req}} \qquad (5\text{-}13)$$

$$\varphi_{\mathrm{a,dout}} = \varphi_{\mathrm{a,d,req}} \qquad (5\text{-}14)$$

式中，$T_{\mathrm{a,dout}}$ 为除湿器出口空气温度，℃；$\varphi_{\mathrm{a,dout}}$ 为除湿器出口空气相对湿度，%。综上所述，除湿器优化问题可通过如下式子表示，即

$$
\begin{aligned}
\min \quad & E_{\mathrm{d,total}} = E_{\mathrm{c}} + E_{\mathrm{f,d}} + E_{\mathrm{p,d}} \\
\mathrm{s.\,t.:} \quad & T_{\mathrm{a,dout}} = T_{\mathrm{a,d,req}} \\
& \varphi_{\mathrm{a,dout}} = \varphi_{\mathrm{a,d,req}} \\
& T_{\mathrm{s,d,outc}} = T_{\mathrm{s,din}} \\
& m_{\mathrm{s,d,min}} \leqslant m_{\mathrm{s,d}} \leqslant m_{\mathrm{s,d,max}} \\
& T_{\mathrm{s,d,outc,min}} \leqslant T_{\mathrm{s,d,outc}} \leqslant T_{\mathrm{s,d,outc,max}} \\
& Q_{\mathrm{c,min}} \leqslant Q_{\mathrm{c}} \leqslant Q_{\mathrm{c,nom}}
\end{aligned}
\qquad (5\text{-}15)
$$

可见，除湿器优化问题为一个目标函数为非线性函数，带有等式和不等式约束条件的单目标优化问题。下面介绍除湿器实时运行优化策略和采用进化遗传算法来求解此优化问题。

5.4　除湿器实时运行优化策略

本节对 5.3 节提出的除湿器实时运行优化模型进行求解，提出除湿器实时运行优化策略，得出除湿器内溶液流量和温度的优化设定值，满足空调用户需求的同时使除湿器能耗最小。除湿器实时运行优化策略如图 5.8 所示。从图中可以看出，除湿器实时运行优化策略主要由模型更新模块和系统优化模块两部分组成。

模型更新模块采集并记录除湿器的输入和输出运行数据，利用模型参数更新程序对 3.2 节建立的除湿器传热传质混合模型和 5.2 节建立的除湿器能量混合模型中的参数进行辨识和更新，使它们对除湿器的性能和能耗预测更加准确。系统

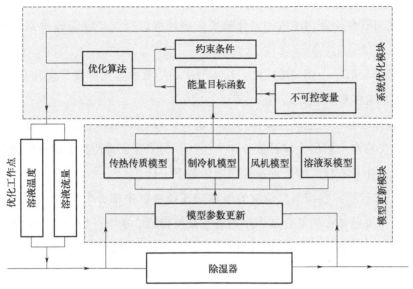

图 5.8　除湿器实时运行优化策略

优化模块结合模型更新模块中更新的模型和独立变量得出除湿器实时运行优化模型，同时利用进化遗传算法经过多次迭代计算来找到符合约束条件的优化工作点及除湿器内溶液流量和温度优化设定值。最后将得到的优化设定值作为控制系统的设定值输入除湿器控制系统来实现除湿器的实时运行优化。

　　本书采用遗传算法（Genetic Algorithm，GA）来求解建立的除湿器实时运行优化模型。作为一种进化算法，GA 是一种通过模拟自然进化过程搜索问题最优解的方法。由于具有直接对象进行操作、对目标函数没有连续性的限定和求导运算、良好的全局寻优能力等优点，GA 广泛应用在组合优化、机器学习和信号处理等领域[8-10]。GA 从优化问题的一个潜在解集（种群）开始，种群中的个体按照优胜劣汰的准则对算子进行选择、交叉和变异等，从而得到次代种群，次代种群比上一代种群更加适应环境，经过多次遗传迭代得到的种群可以近似作为优化问题的最优解。针对上节建立的除湿器实时运行优化模型，本节在系统优化模块中运用 GA 求解该模型，其步骤如下：

　　① 从模型更新模块中得到四个相关模型（传热传质混合模型、制冷机能量混合模型、除湿风机能量混合模型和除湿溶液泵能量混合模型）的更新参数；从外界环境、空调用户和除湿器底部溶液测得独立变量的值。

　　② 根据系统特点得到除湿器实时运行优化模型的约束条件和各部件之间的相互关系，同时确定 GA 的参数，如种群数量、最大进化代数、交叉和变异的概

率等。

③ 在可行域范围内随机初始化种群，将种群进行二进制编码得到二进制染色体。

④ 计算种群中个体的适应度，在本节中适应度函数为除湿器优化目标函数，即除湿器的总能耗。

⑤ 选择运算：将选择运算作用到种群，把较优的个体直接遗传到下一代或者通过交叉后产生新的个体再遗传到下一代。为了保证遗传算法的进化特性，适应度大的个体具有较大的概率被选择遗传到下一代。

⑥ 交叉运算：根据预先设定的概率来选择种群中部分个体进行交叉运算操作，将 2 条染色体中的部分基因序列进行交换得到 2 条下一代个体。交叉运算用来产生新的、不同于原本种群的个体，是保证种群多样性的有效运算，也是 GA 的核心运算。

⑦ 变异运算：根据变异概率（一般很低）随机选择种群中的个体使其发生随机的突变来产生新的个体，变异运算也是保持种群多样性的有效运算。

⑧ 若不满足终止条件，则返回步骤④进行迭代。一般进化次数达到最大进化代数或者进化不再产生适应度更好的个体则终止计算。

图 5.9 给出了上面介绍的 GA 算法的流程图。

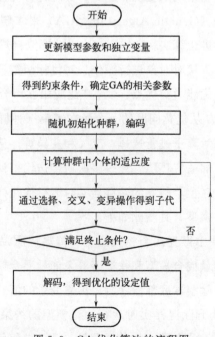

图 5.9　GA 优化算法的流程图

5.5　除湿器优化结果与分析

为了验证本章提出的除湿器实时运行优化策略在节能优化方面的性能，本节将提出的优化策略应用在搭建的溶液除湿空调系统实验平台上，并将优化运行策略的能耗与原始运行策略的能耗进行比较。为了合理地比较，两种运行策略都是基于相同的空调用户需求和外界环境进行的，即溶液除湿空调系统需要满足相同的湿热负荷。一般夏季的典型天气以湿热为主，此时需要空调来进行空气除湿和降温。一天工作时间内（6：00～21：00），建筑内的用户数量较多，人员流动性强，此时湿热负荷也比较大，所以本书选择夏季的某天进行比较实验，实验时间从 6：00 开始，21：00 结束。实验当天天气状况、外界空气温度和相对湿度，如图 5.10 所示。从图中可以看出实验当天温度最高为 30℃，相对湿度在 70％～90％，为高温潮湿天气。

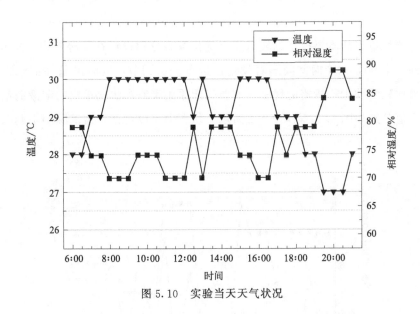

图 5.10　实验当天天气状况

根据 ASHRAE 标准，空调室内环境的舒适区的温湿度范围为 22～28℃、40％～60％[11]。本书选取此范围中间点（温度 25℃，相对湿度 50％）作为室内环境的需求值。除湿器实时运行优化策略中涉及的约束条件上下限如表 5.4 所示。

表 5.4   优化策略中约束条件的上下限范围

约束条件	上限	下限	单位
除湿剂溶液流量	0.12	0.34	kg/s
除湿剂溶液温度	15	22	℃
制冷机冷量	2.0	6.0	kW

溶液除湿器实时运行优化策略以 30min 为时间间隔，每个时间间隔内优化调节一次除湿器中溶液流量和温度的设定值，使除湿器提供的空气状态满足空调用户的需求。表 5.5 列出了 GA 的主要参数设置值。

表 5.5   GA 主要参数的设置值

参数	值
种群数量	40
染色体长度	20
最大进化代数	50
选择方法	轮盘赌选择法
交叉概率	0.8
变异概率	0.01

将原始策略和本书提出的实时运行优化策略分别投运在除湿器内，从 6：00 运行到 21：00，每个时间间隔对设定值进行一次调节，同时测量并记录除湿器能耗来比较两种运行策略的优劣。实验当天原始策略和优化策略的溶液流量和温度设定值分别如图 5.11 和图 5.12 所示。从图中可以看出，溶液除湿空调系统在

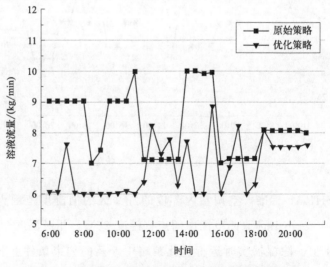

图 5.11   除湿器原始策略和优化策略溶液流量设定值

优化前后优化变量的设定值发生了很大的变化。优化策略的溶液流量比原始策略的相对较低，同时溶液温度随着溶液除湿空调系统的负荷变化而变化。因为降低溶液流量可以在除湿溶液泵和制冷机两个部件都有能耗的降低，有利于提升系统的能量利用效率。

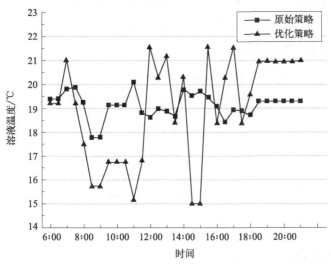

图 5.12　除湿器原始策略和优化策略溶液温度设定值

图 5.13 展示了溶液除湿空调系统优化前后的能耗比较。可以看出，本书提出的除湿器实时运行优化策略的能耗要低于原始运行策略的能耗，表明本书提出的实时运行优化策略能够提升系统的能源效率，降低系统能耗。

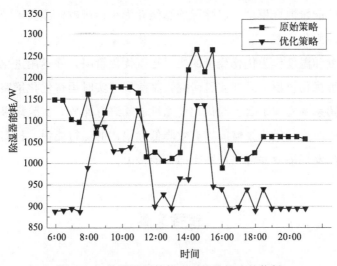

图 5.13　除湿器原始策略和优化策略的能耗

表 5.6 总结了实验当天溶液除湿空调系统各部件能耗及系统总能耗分析和节能效果。这里需要指出的是，除湿器实时运行优化策略中系统空气流量作为独立变量没有进行优化，所以除湿风机并没有节能效果。从表中可以得出，实时运行优化策略中除湿溶液泵和制冷机的能耗分别降低了 11.8％和 13.8％，除湿器系统总能耗比优化前降低了 12.2％。比较结果表明通过运用本书提出的除湿器实时运行优化策略可以降低除湿器能耗，提高能源利用效率，进一步发掘溶液除湿空调的节能潜力，达到节能目的。

表 5.6 两种运行策略能耗分析

部件	原始策略能耗/kWh	优化策略能耗/kWh	节能效果/％
除湿溶液泵	0.85	0.75	11.8
除湿风机	1.74	1.74	—
制冷机	14.39	12.4	13.8
总体系统	16.98	14.9	12.2

5.6 本章小结

为了进一步发掘溶液除湿空调系统的节能潜力，以第三章建立的除湿器传热传质混合模型为基础，本章进行了除湿器实时运行优化策略研究。通过分析除湿器各部件能耗特点，为制冷机、除湿风机和除湿溶液泵建立具有计算简单、准确性高等特点的能量混合模型。以除湿器总能耗为目标函数，建立了带约束条件的非线性单目标优化模型，分析了除湿器内优化变量、独立变量和非独立变量。提出以溶液流量和温度作为优化变量的实时运行优化策略，并运用进化算法 GA 在可行域内求解优化模型。开展实验研究，将除湿器实时运行优化策略投运到搭建溶液除湿空调系统实验平台上与优化前系统能耗进行比较，实验结果表明本章提出的除湿器实时运行优化策略能够有效降低除湿器的运行能耗，提高其能量利用效率，进一步发掘溶液除湿空调系统的节能潜力。

参考文献

[1] Gordon J，Ng K C，Chua H T. Centrifugal chillers：thermodynamic modelling and a

diagnostic case study [J]. International Journal of Refrigeration, 1995, 18 (4): 253-257.

[2] Lee S, Yik F, Lai J, et al. Performance modelling of air-cooled twin-circuit screw chiller [J]. Applied Thermal Engineering, 2010, 30 (10): 1179-1187.

[3] Yu F, Chan K. Modelling of the coefficient of performance of an air-cooled screw chiller with variable speed condenser fans [J]. Building and Environment, 2006, 41 (4): 407-417.

[4] Chang Y C, Lin J K, Chuang M H. Optimal chiller loading by genetic algorithm for reducing energy consumption [J]. Energy and Buildings, 2005, 37 (2): 147-155.

[5] Keblawi A, Ghaddar N, Ghali K. Model-based optimal supervisory control of chilled ceiling displacement ventilation system [J]. Energy and Buildings, 2011, 43 (6): 1359-1370.

[6] Lu L, Cai W J, Soh Y C, et al. Global optimization for overall HVAC systems—Part II problem solution and simulations [J]. Energy Conversion and Management, 2005, 46 (7): 1015-1028.

[7] Lu L, Cai W J, Chai Y S, et al. Global optimization for overall HVAC systems—Part I problem formulation and analysis [J]. Energy Conversion and Management, 2005, 46 (7): 999-1014.

[8] 陈国良, 王煦法, 庄镇泉, 等. 遗传算法及其应用 [M]. 北京: 人民邮电出版社, 1996.

[9] 李敏强. 遗传算法的基本理论与应用 [M]. 北京: 科学出版社, 2002.

[10] 雷英杰, 张善文, 李续武. MATLAB 遗传算法工具箱及应用 [M]. 西安: 西安电子科技大学出版社, 2005.

[11] ASHRAE Standard 55-2004. Thermal environmental conditions for human occupancy [J]. Atlanta: American Society of Heating, Refrigerating, and Air Conditioning Engineers, 2004.

第六章

溶液再生器能耗模型及多目标优化

6.1 概述

再生器与除湿器虽然结构类似，但它们的功能有所不同。再生器的主要功能是利用空气与溶液之间的热质交换，吸收溶液中的水分，提升溶液浓度，达到浓缩再生溶液的目的。因此再生量是衡量再生器工作状态的重要性能指标。再生器中，溶液需要加热以提高其表面水蒸气分压来提高溶液与再生空气之间的水分交换速率，同时为水变成水蒸气进入再生空气提供汽化潜热，需要消耗热能。因此能耗往往也是再生器一个十分重要的性能指标。由第三章对再生器内传热传质过程的分析可知再生量可以通过控制溶液的流量、温度和浓度，再生空气的流量、温度和相对湿度来调节，不同运行方案所消耗的能量也有所不同。驱动再生器工作的低品位热能往往不稳定，无法长时间稳定地提供热量。如果能够针对再生器进行优化，使其消耗较少能量的同时提供较高的再生速率，将有利于再生器更加高效地利用低品位热能，在有限的低品位热源条件下，提供和存储更多的再生溶液，保证整个系统持续稳定地运行。因此本节研究再生器的实时运行优化策略。

6.2 再生器能量混合模型

6.2.1 加热器能量混合模型

溶液再生过程中需要热源提供热量来使溶液具有较高的表面水蒸气分压，促

116

进水分传质过程。一般再生器由太阳能、工业废热等低品位热能收集装置提供热源，用来加热再生溶液。本书搭建实验平台时为了实验的简便，采用加热器来模拟低品位热能的利用过程，加热再生溶液，驱动再生器工作，加热器的能量认为是需要的低品位热源的能量。由于加热器经过了保温绝热处理，因此加热器向环境散热的能量损失忽略不计。加热器的能耗可以通过溶液加热负荷来表示，即

$$E_{h}=Q_{h}=c_{s}m_{s,r}(T_{s,r,outh}-T_{s,r,inh}) \tag{6-1}$$

式中，E_{h} 和 Q_{h} 分别为再生加热器的功率和加热负荷，W；$T_{s,r,outh}$ 和 $T_{s,r,inh}$ 分别为再生加热器进口和出口溶液温度，℃。

6.2.2　再生风机和再生溶液泵能量混合模型

第五章研究除湿器实时运行优化策略时，已经建立了除湿风机和除湿溶液泵的能量混合模型，再生器中完全可以用负荷比的方法分析再生风机和再生溶液泵的能耗。

$$PLR_{f,r}=\frac{m_{a,r}}{m_{a,r,nom}} \tag{6-2}$$

$$E_{f,r}=E_{f,r,nom}(a_{f,3}PLR_{f,r}^{3}+a_{f,2}PLR_{f,r}^{2}+a_{f,1}PLR_{f,r}+a_{f,0}) \tag{6-3}$$

$$PLR_{p,r}=\frac{m_{s,r}}{m_{s,r,nom}} \tag{6-4}$$

$$E_{p,r}=E_{p,r,nom}(a_{p,3}PLR_{p,r}^{3}+a_{p,2}PLR_{p,r}^{2}+a_{p,1}PLR_{p,r}+a_{p,0}) \tag{6-5}$$

式(6-2)～式(6-5)中，$PLR_{f,r}$ 和 $PLR_{p,r}$ 分别为再生风机和再生溶液泵的负荷比；$m_{a,r,nom}$ 为再生风机的额定风量，kg/s；$m_{s,r,nom}$ 为再生溶液泵的额定溶液流量，kg/s；$E_{f,r,nom}$ 和 $E_{p,r,nom}$ 分别为再生风机和再生溶液泵的额定功率，W；$E_{f,r}$ 和 $E_{p,r}$ 分别为再生风机和再生溶液泵的实际功率，W；$a_{f,0}$～$a_{f,3}$ 和 $a_{p,0}$～$a_{p,3}$ 分别为能量混合模型的待定参数。

6.2.3　能量混合模型的验证

在5.2.4节中已经说明了负荷比方法分析风机和水泵能耗的准确性，因此本

节不再对再生风机和再生溶液泵的能量混合模型进行验证，只对加热器的能量混合模型进行验证。图 6.1 给出了加热器的实际测量能耗和预测能耗比较。从图中可以看出建立的加热器能量混合模型能够准确地预测其能耗。图 6.2 给出了相应的相对误差分布。经统计加热器能量混合模型实验点的 *MRE*、*RMSE* 和 *STD_RE* 统计指标分别为 0.0296、0.0352 和 0.0193，证明了加热器能量混合模型在其能量预测方面的准确性。

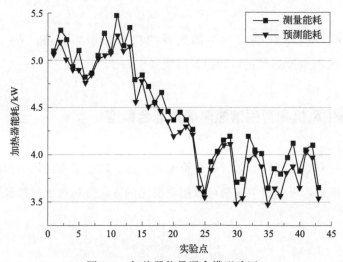

图 6.1　加热器能量混合模型验证

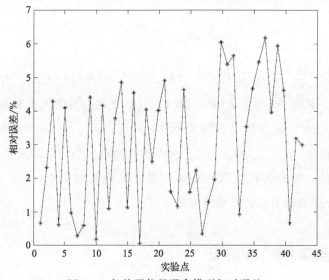

图 6.2　加热器能量混合模型相对误差

6.3　再生器多目标实时优化模型建立

6.3.1　优化目标函数

再生器的优化需要考虑再生器能耗和再生量两个不同的性能指标。因此再生器性能优化为一个多目标优化问题，其中再生器的能耗和再生量为优化问题的两个优化目标。其中，再生器的能量目标函数可以表示为

$$f_1 = E_h + E_{f,r} + E_{p,r} \qquad\qquad (6-6)$$

式(6-6)中，f_1 为再生器的能量目标函数，W。再生器的优化希望通过消耗较少的能量同时得到较大的溶液再生量。为了使再生器的优化都为最小化问题，本书采用溶液再生量的倒数作为第二个目标函数，即

$$f_2 = 1/(M_w N_r) \qquad\qquad (6-7)$$

式(6-7)中，f_2 为再生器优化的第二个目标函数，s/mol。N_r 为再生器的再生速率，可以通过式(3-56)来表示。

6.3.2　变量分析

和除湿器类似，再生器的变量也可以分为三类，即优化变量，独立变量和非独立变量，如表 6.1 所示。

表 6.1　除湿器中的变量分析

变量类别	变量名
优化变量	$m_{a,r}, T_{s,r}, m_{s,r}$
独立变量	$T_{a,r}, \varphi_{a,r}, T_{s,r,inh}, \omega_{s,r,inh}$
非独立变量	$Q_h, d_{a,rin}, d_{a,rout}, p_{a,r}, p_{s,r}^*, T_{s,d}$

优化变量：再生器再生空气流量可以通过调节再生风机运行频率来控制，同时影响再生器能耗和溶液再生速率。本书将再生空气流量 $m_{a,r}$ 及再生溶液的温度 $T_{s,r}$ 和流量 $m_{s,r}$ 作为再生器多目标优化模型的优化变量。

独立变量：再生器优化问题的独立变量主要有再生空气状态（再生空气温度 $T_{a,r}$ 和相对湿度 $\varphi_{a,r}$）和再生器底部容器内稀溶液的状态（进入加热器的再生溶

液温度 $T_{s,d,inh}$ 和浓度 $\omega_{s,d,inh}$）。以上独立变量需根据实际情况赋予合理的值后才可以进行优化问题的求解。

非独立变量：加热器的负荷 Q_h 可以式（6-1）来表示；再生空气水蒸气分压、进出口空气的含湿量 $d_{a,rin}$ 和 $d_{a,rout}$ 可以运用湿空气的性质结合空气的温度和相对湿度来确定；再生器中溶液表面水蒸气分压可以运用除湿剂溶液的性质结合其温度和浓度来表示；再生器进口溶液温度 $T_{s,d}$ 可以通过加热器出口的温度来表示。

6.3.3 约束条件

再生器为一个实际系统，为了保证再生器优化后得到的解的可行性，再生器内的变量需要满足一定的约束条件，分别为等式约束条件和不等式约束条件。

等式约束：再生溶液经过加热器加热后进入再生塔内，由于管路经过保温处理，可以认为加热器出口的溶液温度与再生塔进口处温度相等，即

$$T_{s,r,outh} = T_{s,rin} \tag{6-8}$$

不等式约束：再生空气质量流量由于再生风机驱动能力和电机转速的限制，要有一定的上下限，即

$$m_{a,r,min} \leqslant m_{a,r} \leqslant m_{a,r,max} \tag{6-9}$$

同样再生溶液的流量也要有一定的工作范围，即

$$m_{s,r,min} \leqslant m_{s,r} \leqslant m_{s,r,max} \tag{6-10}$$

进入再生器的溶液的温度由加热器所能提供的能量决定，即

$$T_{s,r,outh,min} \leqslant T_{s,r,outh} \leqslant T_{s,r,outh,max} \tag{6-11}$$

同样加热器所能提供的加热功率也具有一定的上限，即

$$Q_h \leqslant Q_{h,max} \tag{6-12}$$

综上，再生器的多目标优化模型可以通过以下式子来表达。

$$
\begin{aligned}
\min \quad & f_1 = E_h + E_{f,r} + E_{p,r} \\
& f_2 = 1/(M_w N_r) \\
\text{s.t.:} \quad & m_{a,r,min} \leqslant m_{a,r} \leqslant m_{a,r,max} \\
& m_{s,r,min} \leqslant m_{s,r} \leqslant m_{s,r,max} \\
& T_{s,r,outh,min} \leqslant T_{s,r,outh} \leqslant T_{s,r,outh,max} \\
& Q_h \leqslant Q_{h,max} \\
& T_{s,r,outh} = T_{s,rin}
\end{aligned} \tag{6-13}
$$

6.4 再生器多目标实时运行优化策略

6.4.1 多目标优化简介

处理实际问题是一个十分复杂的过程，一个解决方案的优劣往往需要依靠多个指标来判断。仅用一个指标通常不能全面有效地对解决方案进行评价，例如生产工艺既要考虑产品质量又要注重产品的成本，有时还需要考虑污染物的排放量等。在处理科学问题和工程实践中，多目标优化问题（Multi-Objective Optimization Problems，MOP）普遍存在而备受人们关注[1,2]。经过多年的研究，学者们提出了很多种解决 MOP 问题的方法，主要集中在以下三类方法[3]。第一类方法是将多目标优化问题转化为单目标优化问题进行处理，主要有加权法、主目标法、极大极小法等。此方法在研究初期应用十分广泛，但其具有以下缺点和不足：处理目标过程中对于权重的分配受主观因素决定，对优化的效果影响较大；同时由于不同目标尺度和量纲，有时需要对目标进行归一化处理；优化单目标为各个目标之和，优化过程中对各个目标的优化进展不可操作。第二类方法为优先级法，即将多目标优化问题各目标按主次重要程度逐一排序，依次对各目标进行优化求解。后一目标的求解在前一目标的最优解域内进行。此方法的缺点在于难以准确地对多个目标进行排序来得到满意的优化结果，同时当某个目标的最优解唯一时，该方法无法继续进行优化。第三类方法为非劣解法，从可行域中找出非劣解集，再通过一定的决策策略或者与决策者沟通从非劣解集中选择满意解。一个实际问题往往存在很多非劣解，如何在众多非劣解中寻找出满意解，是此方法需要解决的重要问题。

6.4.2 多目标优化的解与 Pareto 解

在求解单目标优化问题时，由于单目标优化完全有序性，对于可行域 D 内任意两个解 X_1 和 X_2，总可以比较其目标函数 $f(X_1)$ 和 $f(X_2)$ 的大小，判断这两个解的优劣。而多目标优化问题是半有序的。对于可行域内任意两个解，由于目标函数为向量，不一定都可以比较其目标函数的优劣，因此处理多目标优化问题要对它的解进行研究。

对于多目标优化问题，一般有以下数学描述，即

$$\min \quad F(\boldsymbol{X}) = (f_1(\boldsymbol{X}), f_2(\boldsymbol{X}), \cdots, f_n(\boldsymbol{X}))$$

$$\text{s. t. :} \begin{cases} G(\boldsymbol{X}) = (g_1(\boldsymbol{X}), g_2(\boldsymbol{X}), \cdots, g_p(\boldsymbol{X}) \leqslant 0 \\ H(\boldsymbol{X}) = (h_1(\boldsymbol{X}), h_2(\boldsymbol{X}), \cdots, h_q(\boldsymbol{X}) = 0 \end{cases} \tag{6-14}$$

式(6-14) 中，$\boldsymbol{X} = (x_1, x_2, \cdots, x_m)$ 为 m 维决策向量；$F(\boldsymbol{X})$ 为 n 维目标向量；$G(\boldsymbol{X})$ 为 p 维不等式约束条件；$H(\boldsymbol{X})$ 为 q 维等式约束条件。

绝对最优解：如果对于可行域 D 内，存在一个决策变量 $\boldsymbol{X}^*$ 使目标向量中任意一目标函数均达到最优，即满足 $\forall \boldsymbol{X} \in D$，都有 $f_i(\boldsymbol{X}^*) \leqslant f_i(\boldsymbol{X})$，$i = 1, 2, \cdots, n$ 同时成立，则称 $\boldsymbol{X}^*$ 为多目标优化问题的绝对最优解，绝对最优解的集合为绝对最优解集。绝对最优解使所有的目标函数同时达到了最优，因此绝对最优解肯定是最好的解。最优解可能不唯一，如图 6.3(a) 所示，通常也不一定存在，如图 6.3(b) 所示。

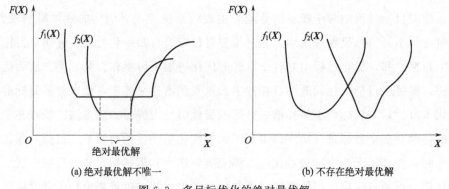

(a) 绝对最优解不唯一   (b) 不存在绝对最优解

图 6.3 多目标优化的绝对最优解

Pareto 解：如果对于可行域 D 内的两个决策向量 $\boldsymbol{X}_1$ 和 $\boldsymbol{X}_2$，对于目标向量中的任意一个目标函数，$\boldsymbol{X}_1$ 均优于 $\boldsymbol{X}_2$，则 $\boldsymbol{X}_1$ 支配 $\boldsymbol{X}_2$，记做 $\boldsymbol{X}_1 \succ \boldsymbol{X}_2$，即满足 $\forall i \in \{1, 2, \cdots, n\}$，$f_i(\boldsymbol{X}_1) \leqslant f_i(\boldsymbol{X}_2)$，且 $\exists j \in \{1, 2, \cdots, n\}$，$f_j(\boldsymbol{X}_1) < f_j(\boldsymbol{X}_2)$。如果一个解没有被可行域内的任何其他解所支配，则称此解为非支配解，也称非劣解或 Pareto 解。所有 Pareto 解的结合成为 Pareto 解集[1,2,4]。对于两目标优化问题，其 Pareto 解集对应的目标值可以通过图 6.4 表示。图中点 A 和点 B 分别代表不同的 Pareto 解的目标值，其中 $f_{1,A} > f_{1,B}$，但 $f_{2,A} < f_{2,B}$，因此它们之间不存在支配关系。所有的 Pareto 解对应目标函数值集合构成曲线 CD，曲线 CD 一般也称作 Pareto 前沿（Pareto Front）。

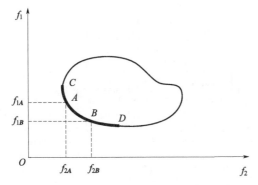

图 6.4　两目标优化问题中的 Pareto 解集

满意解：决策者需要根据不同目标的效用，或对不同目标的喜爱程度，或通过一定的决策策略，从多个 Pareto 解中选择令决策者满意的最终优化解，此优化解被称为满意解。多目标优化的结果就是从可行域中找到的最终满意解。

6.4.3　再生器多目标实时运行优化策略

6.3 节以再生器能耗和再生量作为优化目标，以再生空气流量、再生溶液流量和温度为优化变量，建立再生器多目标优化模型。本节提出再生器多目标实时运行优化策略，如图 6.5 所示。从图中可以看出，与除湿器类似，再生器多目标实时运行优化策略主要由模型更新模块和多目标优化模块两部分组成。

模型更新模块实时采集记录再生器的输入输出和性能运行数据，利用模型参数辨识更新程序对再生器内传热传质混合模型和再生器各部件的能量模型的参数进行辨识与更新，使模型可以实时而准确地对再生器的性能和能耗进行预测。多目标优化模块结合更新的模型、独立变量和约束条件得出再生器多目标优化模型，并利用多目标优化算法经过多次迭代找到 Pareto 解集。根据一定的决策策略从 Pareto 解集中选择最终满意解作为再生器优化变量的优化设定值。最后由控制系统控制优化变量到优化设定值来实现再生器的实时运行优化。

多目标优化算法是再生器实时运行优化策略的核心。学者们根据多目标优化问题的特点提出了很多优化算法，其中基于非劣解的算法和进化算法相结合求解多目标优化问题已经成为当今的研究热点，如基于非支配排序的遗传算法

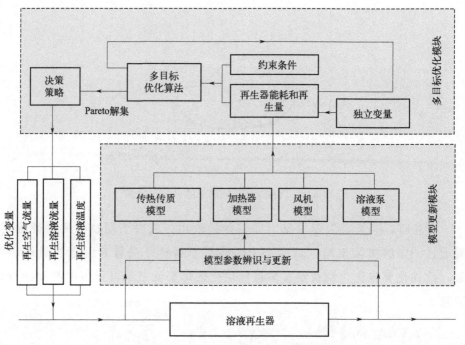

图 6.5　再生器多目标实时运行优化策略

（Non-dominated Sorting Genetic Algorithm，NSGA）和其改进版本 NSGA Ⅱ、多目标粒子群算法（Multi-Objective Particle Swarm Optimization，MOPSO）和多目标模拟退火算法（Multi-Objective Simulated Annealing，MOEA）等。这些算法为多目标优化问题提供了重要的解决思路和研究方向。其中多目标粒子群算法是基于 Kennedy 和 Eberhart 在 1995 年提出的基于群体演化的算法发展而来的，模拟鸟类寻找食物的过程，通过个体对整个群体的信息共享，使整个群体在求解空间总有序地向最优解运动，从而获得最优解。由于具有简单易于实现、没有交叉和变异算子及运行效率高等特点，PSO 引起了大量学者的研究兴趣，并已经成功拓展到多目标优化研究领域[5,6]。本章针对求解再生器多目标优化问题，采用一种高效的改进多目标粒子群算法[7]（Decreasing Inertia Weight Particle Swarm Optimization，DIWPSO）在可行域内寻找再生器多目标优化问题的非劣解，得到非劣解集，并结合一定的决策策略得到最终的满意解。

　　在 DIWPSO 算法中，规模为 M 的种群第 i 个粒子可以通过它当前的位置 x_i 和速度 v_i 来表示，同时引入该粒子经过的"最好"位置 $pbest_i$ 作为个体学习的体现，种群中"最好"位置 $gbest$ 作为社会学习与信息共享的体现。在每一次迭代过程中根据下面的公式来更新粒子的位置和速度，即

$$\begin{cases} \boldsymbol{v}_i^{k+1} = w^k \boldsymbol{v}_i^k + l_1(pbest_i - \boldsymbol{x}_i^k) + l_2(gbest - \boldsymbol{x}_i^k) \\ \boldsymbol{x}_i^{k+1} = \boldsymbol{x}_i^k + \boldsymbol{v}_i^{k+1} \\ w^{k+1} = w_{max} - k/k_{max}(w_{max} - w_{min}) \end{cases} \tag{6-15}$$

式（6-15）中，k 为迭代次数；l_1 和 l_2 为常数，称为学习因子；w 为惯性权重（inertia weight），w_{min} 和 w_{max} 分别为惯性权重参数的最小值和最大值。在种群发展初期，惯性权重较大可以发挥算法的全局搜索能力；而随着迭代次数的增加，惯性权重逐渐减小进而加快种群收敛速度。如何评估非劣解的适应度值并进行排序是多目标优化问题求解过程的重要部分。本书以种群中非劣解的粒子构成精英集，采用小生境策略求解精英集中粒子的适应度进行排序，来选取全局"最好"位置的粒子 $gbest$[8]。每次迭代之后将所得粒子的非劣解放入精英集中。当精英集的规模超过最大规模限度时，根据精英集中粒子的适应度对精英集进行更新。通过以下方法确定个体"最好"位置 $pbest_i$：如果当前粒子 i 的位置优于历史"最好"位置，则用当前粒子的位置代替 $pbest_i$；如果当前粒子 i 的位置无法判断与 $pbest_i$ 的优劣，则按照一定的概率用此时位置来替换 $pbest_i$。算法的具体步骤如下：

① 初始化粒子群：给定群体规模、决策向量的维度、惯性权重、学习因子、粒子的最大位置 x_{max} 和速度 v_{max}、精英集容量和最大迭代次数等参数。

② 在可行域内随机初始化粒子群 P 和空的精英集 P^* 用来存储 Pareto 解。

③ 找到初始化种群中的非劣解，并通过小生境策略计算各非劣解的适应度，进行排序。种群中粒子的初始位置作为个体"最好"位置 $pbest_i$，初始种群中非劣解适应度高的粒子作为全局"最好"位置 $gbest$。

④ 按照式（6-15）来更新粒子的位置和速度，得到新的种群。

⑤ 将新种群中的非劣解加入精英集 P^* 中，利用小生境策略计算精英集中的适应度并排序，按上述方法更新精英集。

⑥ 更新粒子个体的"最好"位置 $pbest_i$ 和种群的全局"最好"位置 $gbest$。

⑦ 若未达到最大迭代次数，则返回步骤④进行迭代。若达到最大迭代次数则终止计算，得到的精英集即可以当作 Pareto 解集。

多目标 DIWPSO 算法流程图如图 6.6 所示。

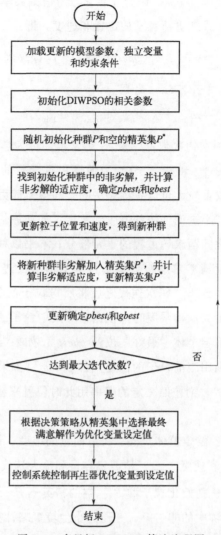

图 6.6　多目标 DIWPSO 算法流程图

6.5　再生器优化结果与分析

　　本节通过对比实验来分析再生器多目标实时运行优化策略的节能效果。首先固定外界环境空气状态，通过仿真分析再生器多目标优化模型中两目标之间的关系，同时提出从 Pareto 解集中找到满意解的决策策略。然后选择夏季某天工作时间内将再生器多目标优化的策略投运在搭建的再生器系统实验平台，通过比较原始运行策略和优化运行策略的能耗来分析再生器多目标实时运行优化策略的节能效果。表 6.2 给出了优化策略中 DIWPSO 算法的相关参数。

表 6.2 再生器优化策略中 DIWPSO 算法的相关参数

参数	值
种群规模	150
优化变量维数	3
最大迭代次数	100
惯性权重(w_{min} 和 w_{max})	0.4 和 1.0
学习因子(l_1 和 l_2)	0.9 和 0.3

6.5.1 多目标间的关系

选取外界温度和相对湿度分别为 29℃和 79％作为仿真例子，来分析再生器多目标优化模型中两目标之间的关系。根据实验平台的技术参数，表 6.3 总结了再生器多目标优化模型中优化变量和独立变量的上下限值。经过仿真计算得出再生器能耗和再生量两个优化目标的关系，如图 6.7 所示。从图中可以看出，通过 DIWPSO 算法得到的 Pareto 前沿光滑且分布均匀。当再生器再生量最大时其能耗也最大，见图中点 A；另外，当再生器能耗最小时其再生量也最小，见图中点 B。A 点代表了以再生器再生量为目标函数的单目标优化策略的最优函数值，而 B 点则代表了以再生器能耗为目标函数的单目标优化策略的最优函数值。以上现象说明两个优化目标之间的矛盾关系：当试图得到较高的再生量，如增加再生溶液流量、温度或增加再生空气流量，也会提高再生器的能耗；同理当尝试降低再生器的能耗，也会使再生量下降。因此只有通过多目标优化方法才可以恰当地对再生器进行实时运行优化。多目标优化中需要采用决策策略来从众多 Pareto 解集中选出满意解，如基于决策者的偏好、基于以往的经验或基于多个优化目标的重要程度等。本章通过引用可行域之外使两个目标函数均达到最优值的辅助点，如图 6.7 中的 C 点，将图 6.7 中 Pareto 前沿中与此理想点距离最近的点所对应的解选为满意解。

表 6.3 再生器中变量上下限

变量	变量类别	单位	上限	下限
再生溶液流量	优化变量	kg/s	0.051	0.117

续表

变量	变量类别	单位	上限	下限
再生溶液温度	优化变量	℃	50	64
再生空气流量	优化变量	kg/s	0.1	0.167
再生空气温度	独立变量	℃	26	31
再生空气相对湿度	独立变量	%	65	95
进加热器再生溶液温度	独立变量	℃	42	46
进加热器再生溶液浓度	独立变量	%	30	36

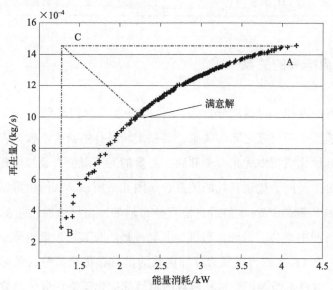

图 6.7　再生器两目标优化模型中优化目标的关系

6.5.2　再生器多目标优化结果分析

将本章提出的再生器多目标实时运行优化策略投运到搭建的再生器实验平台中，选取夏季某天进行实验，分析其在再生器性能提升和节能方面的效果。实验过程中使用主机配置为英特尔 i7-3770CPU，3.4GHz 主频，8GB 内存，在 Matlab2010 环境下开发优化应用程序。原始策略按照优化前的运行方式进行，优化策略中用开发的优化程序每 30min 对再生器的运行状态进行优化调整，将得到的优化变量设定值输入控制器内，同时监测系统的能耗。在实验过程中，再生器多目标优化运行策略的平均运算时间为 4.76s，远小于优化时间间隔 30min，说明了优化策略的实时性。在原始策略和优化策略中再生空气流量及再生溶液流量和温度的设定值分别如图 6.8、图 6.9 和图 6.10 所示。

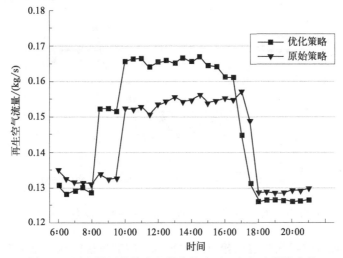

图 6.8　再生器原始策略和优化策略再生空气流量设定值

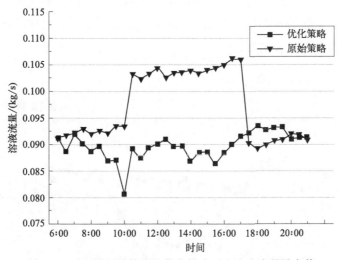

图 6.9　再生器原始策略和优化策略再生溶液流量设定值

从图 6.8～图 6.10 可以看出，与原始运行策略相比，再生器多目标优化策略选择与原始策略相当的溶液温度，但选择较低的溶液流量进行再生从而在加热器和再生溶液泵两个部件中均有节能效果。另外优化策略中，在一天内温度较高的时间段，即中午及下午（10∶00～17∶00），再生空气流量比较大；在早上及晚上（6∶00～10∶00，17∶00～21∶00）再生空气的流量相对较低。这是由于

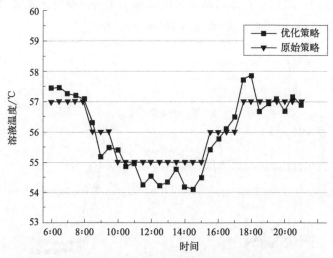

图 6.10　再生器原始策略和优化策略再生溶液温度设定值

当环境温度较高时，往往空气相对湿度较低，增加再生空气流量会增强再生器的传质效果，从而提高再生量，但再生器的能耗不会增加很多。采用较大的再生空气流量，同时降低再生溶液的流量和温度，可以在降低加热器和再生溶液泵能耗的同时保证再生器的再生量。图 6.11 和图 6.12 分别给出了两种运行策略下再生器的能耗和再生量比较结果。

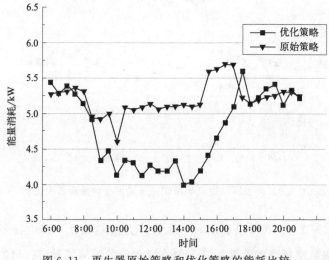

图 6.11　再生器原始策略和优化策略的能耗比较

　　从图中可以看出，本章提出的再生器多目标实时运行优化策略可以在一天内消耗较少能量的同时提供与原始策略相当的再生量。为了具体分析优化策略的节

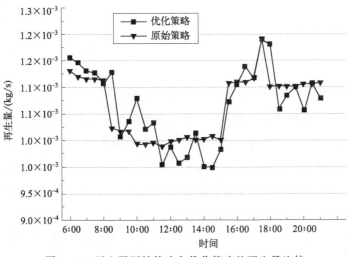

图 6.12　再生器原始策略和优化策略的再生量比较

能效果，将当天运行时间分为 3 个不同的运行时间段，分别代表早上、中午和下午、晚上三个不同阶段（6：00～10：00、10：00～17：00 和 17：00～21：00）。表 6.4 列出了两种运行策略在不同运行时间段内的能耗。从表 6.4 中可以得出以下结论：研究的再生器多目标实时运行优化策略在第一和第三运行时间段内几乎没有节能效果，主要是由于早上和晚上外界空气温度相对较低，相对湿度比较大，此时的空气不利于吸收再生溶液中的水分，同时相对低温的空气进入再生器内会吸收较多热量，增加了加热器的负担，节能空间也有限；相反在第二个运行时间段内，节能效果十分明显，达到 17.7%。这是由于中午和下午空气温度较高，通过提高再生空气流量可以降低加热器的加热负担，进而提高再生器的能源利用效率。与原始运行策略相比，本章提出的再生器多目标实时运行优化策略可以实现平均 8.55% 的节能效果。

表 6.4　两种策略在不同时间段内的能耗

时间段	原始策略能耗/kWh	优化策略能耗/kWh	节能效果/%
6：00～10：00	23.01	22.18	3.6
10：00～17：00	33.93	27.93	17.7
17：00～21：00	23.79	23.72	0.29
6：00～21：00	80.73	73.83	8.55

6.6 本章小结

本章研究了再生器多目标实时运行优化策略。分析了再生器中各个耗能部件的特点，建立了能量混合模型。结合再生器的功能，以再生器能耗和再生量为优化目标函数，以再生空气流量及再生溶液流量和温度为优化变量，建立了再生器多目标优化模型。提出以 DIWPSO 多目标优化算法为基础的再生器多目标实时运行优化策略，在可行域内求得多目标优化模型的 Pareto 解集，结合决策策略选取最终满意解。本章主要得到以下结论：

① 再生器优化过程中不仅仅需要考虑再生器的能耗，还需要考虑再生器的产出，即再生量。因此再生器优化问题为一个多目标优化问题。经过分析，再生器能耗和再生量为两个互相矛盾的目标，为了达到较好的优化效果，需要提出恰当的决策策略，从 Pareto 解集中选出满意解。

② 在外界空气温度较高时，可以通过采用与原始策略相当的再生温度，同时提高再生空气流量和降低再生溶液流量的运行策略，从加热器和再生溶液泵两个方面来降低系统的能耗，提高系统能源利用效率。

③ 将研究的再生器多目标实时运行优化策略投运到搭建的再生器实验平台上，通过分时间段的分析可得：中午和下午时段可以得到明显的节能效果，达到17.7%，而早上和晚上的节能效果并不明显，分别为 3.6% 和 0.29%。这证明环境空气温度越高，相对湿度越低，再生器的节能空间越大。

④ 通过实验研究可知，与原始运行策略相比，研究的再生器多目标实时运行优化策略可在提供与原始运行策略相当的再生量的同时，实现平均约 8.55% 的节能效果。

参考文献

[1] 雷德明. 多目标智能优化算法及其应用 [M]. 北京：科学出版社，2009.

[2] 林锉云，董加礼. 多目标优化的方法与理论 [M]. 长春：吉林教育出版社，1992.

[3] 商秀芹. 新型进化计算方法及其在炼铁烧结过程建模与优化中的应用 [D]. 杭州：浙江大学，2010.

［4］　郑金华. 多目标进化算法及其应用［M］. 北京：科学出版社，2007.

［5］　李宁，邹彤，孙德宝，等. 基于粒子群的多目标优化算法［J］. 计算机工程与应用，2005，41（23）：43-46.

［6］　张利彪，周春光，马铭，等. 基于粒子群算法求解多目标优化问题［J］. 计算机研究与发展，2004，41（7）：1286-1291.

［7］　郑延玲. 改进的粒子群算法在多目标优化问题上的研究和应用［D］. 郑州：郑州大学，2014.

［8］　李艳丽. 基于多目标优化的粒子群算法研究及其应用［D］. 成都：西南交通大学，2014.

第七章

溶液除湿空调系统经济模型预测控制与节能优化

7.1 经济模型预测控制概述

模型预测控制（Model Predictive Control，MPC）自 20 世纪 70 年代被提出来，已在工业过程控制领域获得了广泛的应用。为确保产品质量，避免生产安全问题等，任何工业生产过程都需通过设置相应的约束环节加以限制，约束条件的增加使控制问题变得更加复杂，传统控制策略，例如经典 PID 控制，不能有效地处理附加众多约束的控制问题，而 MPC 擅长处理多变量问题，能够实现复杂约束情况下系统的最优控制。

标准 MPC 策略的具体实施过程为：模型预测、滚动优化和反馈校正。MPC 对预测模型没有统一标准的表达形式要求，只要其能根据当前及过去状态和控制量准确预测将来的状态和输出即可，例如本书建立除湿器的动态预测模型为 T-S 模糊模型。MPC 的控制目标是在设置的约束条件下，寻找目标函数的最优控制序列，只有当前时刻的最优控制行为才能被施加到过程系统中。滚动优化体现在随着时间的推移，重复上述预测时域内的优化过程，直到完成设定的有限时间区间控制。反馈校正可以及时减少或消除过程干扰等维持系统正常运行。标准 MPC 的优化目标函数通常为二次型形式，性能指标大多是状态估计和系统输出与对应设定参考值之间误差的平方，然后通过加权求和获得，即系统的跟踪控制性能指标。

MPC 理论的发展和工程实践为其带来广阔的工业应用前景，随着工业生产的日臻完善，生产过程的控制目标除了必要的设定值跟踪性能外，其经济效益愈加受到企业关注[1]，常有 RTO-MPC（Real Time Optimization-Model Predictive Control）双层控制策略和经济模型预测控制（Economic Model Predictive Control，EMPC）策略被用来提升生产过程的经济性能。RTO-MPC 利用下层 MPC 控制器使运动状态稳定在上层要求的最优稳态工作点附近，旨在使稳态经济性能在工作点附近达到最佳。RTO-MPC 策略虽然在一定程度上获得了经济效益，但仍存在以下问题：

① 可能存在模型失配问题，即上层优化问题基于稳态模型，而下层 MPC 控制基于动态模型；

② RTO-MPC 策略仅考虑了稳态经济效益，忽略了系统动态经济效应；

③ RTO-MPC 策略仅仅确保系统稳定运行时经济性能最优，未必是系统运行过程中经济性能最优，还可能存在非稳态工作点下经济性能最优的情况。

EMPC 策略将经济性能和控制性能统一在一个优化问题中考虑，系统优化和控制仍为单层结构，但能够实现系统经济函数指标的实时优化，其本质为控制性能和经济性能的折中最优处理。EMPC 只是在优化目标函数上比一般 MPC 多考虑了一项经济指标，仍继承处理多变量、带约束问题的特点，但其计算工作量增加。由于大多数工业过程均为慢动态过程，这给予 EMPC 充足的优化计算时间，使系统在轨迹跟踪的动态过程中实时确保其经济性能最优。

目前 EMPC 策略已经广泛用于提高生产过程的经济效益，其应用领域不乏电厂发电、水厂供水、楼宇供暖及照明等，在考虑各种约束条件和经济性能的情况下，EMPC 无疑是最值得考虑的控制策略。

7.2　溶液除湿空调系统能耗模型

溶液除湿空调（Liquid Desiccant Air Conditioning，LDAC）系统的正常运行需要稳定持续的供能，又因其在建筑空调系统能耗中所占比重最大，所以研究 LDAC 系统能耗是改善建筑空调系统经济效益的关键。在溶液除湿空调系统中，制冷机、溶液泵和空调风机是主要的耗能设备，因此本书将建立主要耗能设备的能耗模型。

制冷机能耗模型：基于蒸汽压缩制冷循环，将除湿溶液冷却至除湿过程要求的温度。根据文献［2］，制冷机的能耗可以通过实际的冷负荷和能效比（COP）的比值算出，即制冷机的能耗可由公式(7-1)~式(7-4)计算得出。

$$Q_c = c_s m_s (T_{s,c,i} - T_{s,c,o}) \tag{7-1}$$

$$r_c = \frac{Q_c}{Q_{c,nom}} \tag{7-2}$$

$$COP = \frac{r_c}{\left(\dfrac{t_c + 273.5}{t_e - 273.5}\right) r_c + a_1 \left(\dfrac{t_c + 273.5}{t_e - 273.5}\right) + a_2} \tag{7-3}$$

$$E_c = \frac{Q_c}{COP} \tag{7-4}$$

式(7-1)~式(7-4) 中，Q_c 和 $Q_{c,nom}$ 分别表示当前时刻的冷却量和额定冷却量；$T_{s,c,i}$ 和 $T_{s,c,o}$ 分别表示除湿溶液通过制冷机循环的蒸发器入口温度和出口温度；r_c 表示 Q_c 与 $Q_{c,nom}$ 的比值；t_e 和 t_c 分别表示制冷机的蒸发温度和冷凝温度；a_1 和 a_2 由实验数据通过回归方法确定；E_c 表示制冷机的功耗。基于控制变量数据以及能耗模型计算制冷机的 COP 如图 7.1 所示，通过分析控制量变化对应的制冷机 COP 变化情况可知，制冷机的 COP 受溶液温度影响较大，受溶液流量影响较小。

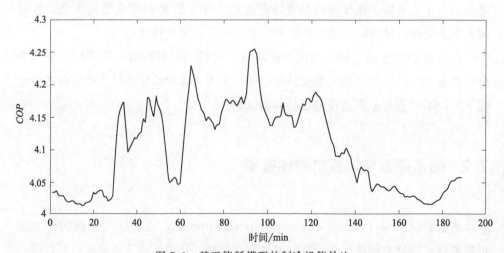

图 7.1　基于能耗模型的制冷机能效比

溶液泵和空调风机能耗模型：与制冷机能耗计算方法类似，溶液泵和空调风机的能耗模型可由式(7-5)~式(7-8)[3] 计算得出。

$$r_{\mathrm{p}} = \frac{m_{\mathrm{s}}}{m_{\mathrm{s,nom}}} \tag{7-5}$$

$$E_{\mathrm{p}} = E_{\mathrm{p,nom}}(p_3 r_{\mathrm{p}}^3 + p_2 r_{\mathrm{p}}^2 + p_1 r_{\mathrm{p}} + p_0) \tag{7-6}$$

$$r_{\mathrm{f}} = \frac{m_{\mathrm{a}}}{m_{\mathrm{a,nom}}} \tag{7-7}$$

$$E_{\mathrm{f}} = E_{\mathrm{f,nom}}(f_3 r_{\mathrm{f}}^3 + f_2 r_{\mathrm{f}}^2 + f_1 r_{\mathrm{f}} + f_0) \tag{7-8}$$

式(7-5)～式(7-8) 中，E_{p} 和 E_{f} 分别表示溶液泵和空调风机的功耗；$E_{\mathrm{p,nom}}$ 和 $E_{\mathrm{f,nom}}$ 由表 7.1 给出，分别表示额定流量下对应的额定值；$p_0 \sim p_3$ 和 $f_0 \sim f_3$ 是由采集的数据拟合得到的模型参数，如表 7.2 所示；r_{p} 被定义为当前除湿溶液流量 m_{s} 和除湿溶液流量额定值 $m_{\mathrm{s,nom}}$ 的比值；r_{f} 被定义为当前湿空气的风量 m_{a} 与额定湿空气风量 $m_{\mathrm{a,nom}}$ 的比值。因此在本书研究中，LDAC 的系统能耗为三种耗能设备能耗总和。

$$E_{\mathrm{total}} = E_{\mathrm{c}} + E_{\mathrm{p}} + E_{\mathrm{f}} \tag{7-9}$$

表 7.1　LDAC 系统主要耗能设备的额定值

设备名称	额定值
制冷机	$E_{\mathrm{c,nom}} = 6\mathrm{kW}$
溶液泵	$E_{\mathrm{p,nom}} = 375\mathrm{W}, m_{\mathrm{s,nom}} = 0.32\mathrm{kg/s}$
空调风机	$E_{\mathrm{f,nom}} = 375\mathrm{W}, m_{\mathrm{a,nom}} = 0.11\mathrm{kg/s}$

表 7.2　LDAC 系统主要耗能设备能耗模型拟合参数

设备名称	拟合参数值
制冷机	$a_1 = 0.06, a_0 = 0.09$
溶液泵	$p_0 = 0.09, p_1 = 1.10, p_2 = -1.12, p_3 = 0.92$
空调风机	$f_0 = 0.21, f_1 = 0.09, f_2 = 0.25, f_3 = 0.45$

7.3　LDAC 系统控制与优化问题描述

LDAC 是一个多变量、耦合、慢动态过程的非线性系统，在本节中，针对 LDAC 系统特点，利用 EMPC 策略控制 LDAC 系统调节室内空气环境，并同时考虑系统能量消耗实时优化问题，达到改善系统能源利用效率和提高系统经济性能的目的。图 7.2 给出了溶液除湿系统的 EMPC 方案方框图。

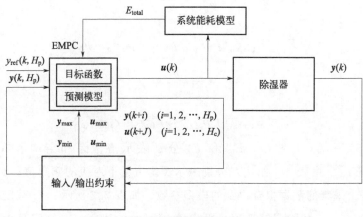

图 7.2　溶液除湿系统的 EMPC 方案

7.3.1　LDAC 系统优化目标函数

EMPC 的控制目标是对参考轨迹动态跟踪的同时对经济性能实时优化，本书提出的优化目标考虑以下三个指标：有限时域内除湿器出口空气状态跟踪误差，以除湿溶液流量和温度作为控制量的控制变化率，溶液除湿系统能耗实时优化。前两项为系统控制性能指标，最后一项为系统经济性能指标。

假设从 k 时刻开始，在有限控制时间内，预测时域为 H_p，LDAC 出口空气状态参考值集合和预测值集合分为 $y_{ref}(k,H_p)=\{y_{ref}(k+i\mid k):i=0,\cdots,H_p\}$ 和 $y(k,H_p)=\{y(k+i\mid k):i=0,\cdots,H_p\}$；$y_{ref}(k+i\mid k)=[y_{1,ref}(k+i\mid k),y_{2,ref}(k+i\mid k)](i=0,\cdots,H_p)$ 和 $y(k+i\mid k)=[y_1(k+i\mid k),y_2(k+i\mid k)](i=0,\cdots,H_p)$ 分别表示 LDAC 当前时刻和将来时刻出口空气状态参考值和预测值。

设置控制时域为 H_c，其中 $H_c\leqslant H_p$。$u(k+j\mid k)=[u_1(k+j\mid k),u_2(k+j\mid k)](j=0,\cdots,H_c)$ 表示当前时刻和将来时刻的控制量；$\Delta u(k+j\mid k)=[u(k+j\mid k)-u(k-1+j\mid k)](j=0,1\cdots,H_c)$ 表示当前时刻与上一时刻相比控制量的变化情况。上述优化目标三个性能指标分别用如下表达式表示：$C_1(k,H_p)=\|y(k,H_p)-y_{ref}(k,H_p)\|_Q^2$，溶液除湿系统出口空气状态跟踪性能；$C_2(k,H_c)=\|\Delta u(k+j\mid k)\|_R^2$，系统控制量的变化率；$C_3(k,H_p)=P\cdot E_{total}(k,H_p)$，系统耗能情况。上式中 Q 和 R 分别表示除湿器出口空气状态轨迹偏移量和控制量变化率对应的对角加权矩阵，矩阵每一元素均为实数，用于衡量状态轨迹跟踪性能和

控制量变化率在优化目标函数中的权重。P 表示一个正实数,用于调整系统能耗即经济性能指标的权重。综上所述,LDAC 在有限控制时间内的滚动优化问题可以表示为

$$J(k,H_c,H_p)=C_1(k,H_p)+C_2(k,H_c)+C_3(k,H_p) \tag{7-10}$$

s. t.

$$y_1(k)=f(u_1(k-1),u_1(k),u_2(k-1),u_2(k),y_1(k-1),y_2(k-1))$$
$$\tag{7-11}$$

$$y_2(k)=h(u_1(k-1),u_1(k),u_2(k-1),u_2(k),y_1(k-1),y_2(k-1))$$
$$\tag{7-12}$$

$$\boldsymbol{y}_{\min}\leqslant\boldsymbol{y}(k+i)\leqslant\boldsymbol{y}_{\max}(i=0,\cdots,H_p) \tag{7-13}$$

$$\boldsymbol{u}_{\min}\leqslant\boldsymbol{u}(k+j)\leqslant\boldsymbol{u}_{\max}(j=0,\cdots,H_c) \tag{7-14}$$

$$\Delta\boldsymbol{u}_{\min}\leqslant\Delta\boldsymbol{u}(k+j)\leqslant\Delta\boldsymbol{u}_{\max}(j=0,\cdots,H_c) \tag{7-15}$$

式(7-10)~式(7-15)是 LDAC 系统控制优化的目标函数以及对应的约束条件,其中式(7-11)和式(7-12)为系统动态输出约束方程,式(7-13)~式(7-15)分别表示除湿器出口空气状态、控制量及其变化率的阈值条件。上述优化问题还可简化为如下形式:

$$\boldsymbol{u}^{\mathrm{opt}}(k)=\arg\min_{u_1(k),u_2(k)}J(k,H_c,H_p)$$

s. t.

$$y_1(k)=f(\boldsymbol{u}(k),\boldsymbol{u}(k-1),\boldsymbol{y}(k-1))$$

$$y_2(k)=h(\boldsymbol{u}(k),\boldsymbol{u}(k-1),\boldsymbol{y}(k-1))$$

$$\boldsymbol{y}\in[\boldsymbol{y}_{\min},\boldsymbol{y}_{\max}] \tag{7-16}$$

$$\boldsymbol{u}\in[\boldsymbol{u}_{\min},\boldsymbol{u}_{\max}]$$

$$\Delta\boldsymbol{u}\in[\Delta\boldsymbol{u}_{\min},\Delta\boldsymbol{u}_{\max}]$$

$$\boldsymbol{y}(0)=\boldsymbol{y}_0$$

$$\boldsymbol{u}(0)=\boldsymbol{u}_0$$

当 LDAC 系统稳定运行时,通过计算上述约束条件下的优化问题可以获得一系列最优控制序列 $\boldsymbol{u}^{\mathrm{opt}}(k)$,但仅有当前时刻的控制行为可以施加到 LDAC 系统中。

7.3.2　优化目标函数求解方法

传统 MPC 的优化问题是标准的二次型函数，其最优解可以通过数学方法求解并获得精确的显式表达式，但在实际生产过程中存在着各种各样复杂的优化问题，像上文提出的 EMPC 优化问题，因目标函数中引入了非线性函数项，即经济性能指标，常规数学方法求解优化问题的方法不再适用。类似的优化问题求解过程要耗费很大的计算量，而且可能无法求出最优解，通常的解决办法是采用迭代的思想寻找近似最优解，该优化方法被称为启发式算法。

在启发式优化算法中，遗传算法（Genetic Algorithm，GA）以其独特的"适者生存"法则淘汰劣势解，成为计算此类优化问题数值解的常用方法。GA 最早由美国密歇根大学教授 J. Holland 创立，是借鉴达尔文生物进化论的自然选择和遗传机理的生物进化规律的计算模型，模拟自然界种群进化过程。GA 的本质是在随机生成的解空间里高度并行搜索，通过遗传进化操作不断产生适应度更高的解来满足所求的优化问题。首先，GA 是基于群体解的迭代搜索算法，迭代开始前，随机生成一组优化问题的候选解，考虑到本书的优化问题，该候选解的物理意义为当前时刻的溶液流量 m_s 和溶液温度 T_s；然后遍历所有候选解；利用适应性函数对每一候选解进行适应度评估，淘汰适应度较低的候选解，"生存"下来的候选解作为"父代"，通过遗传、交叉、变异等进化操作产生"子代"候选解，"子代"候选解重新被适应度函数选择，被选择的"子代"候选解将重复"父代"候选解的操作，如此迭代循环，直到搜索到目标函数的最优解。通过模拟生物的进化操作，理想情况下，"子代"候选解将继承"父代"候选解的优点，而且是通过概率方法选择进化的方向，候选解的适应度会越来越高，这体现出 GA 在计算过程具有自组织和自适应的特点。另外，由于 GA 是群体解并行随机搜索，因此体现出很好的全局寻优能力。表 7.3 中给出了 GA 的详细步骤。

表 7.3　GA 具体步骤

① 初始化,随机产生初始群体(候选解空间)

② 确保所有个体(候选解)被选择的概率相同

③ 当终端条件(候选解收敛精度或终止进化代数)不满足,执行

④ 遍历所有个体,并计算每一个体的适应度,淘汰适应度低的个体

⑤ 根据轮盘赌法计算被保留个体的选择概率(决定直接遗传到下一代还是执行交叉或变异操作)

| ⑥ 执行交叉和变异操作 |
| ⑦ 获得下一代群体 |
| ⑧ 结束 |

　　结合本书的优化问题，GA 的初始候选解数目为 100，进化代数为 160。GA 从候选解的串集开始寻优，覆盖范围广，不易于陷入局部最优值，通过选择、交叉和变异操作，逐渐提高候选解的适应度，最终收敛到最适应的群体解，从而获得优化问题的最优解。

7.4　控制策略仿真研究与结果分析

7.4.1　LDAC 系统控制性能仿真研究

　　为了研究 EMPC 策略对 LDAC 系统的动态控制以及耗能分析，本书给出如下两种工况的仿真：阶跃响应情况和出口空气状态时变跟踪情况。在每种工况下，采样时间间隔和控制时间间隔均设为 2min，EMPC 的预测时域和控制时域分别设置为 4 和 3。在阶跃响应情况下，仿真总时长为 350min，每一阶跃变化时间间隔为 80min，其原因是考虑到 LDAC 系统经历一个阶跃变化后，需要经过一段时间到达另一稳定状态，该时间间隔足够保证系统到达稳定状态并且能够观察系统的所有动态过程，当系统进入稳定状态后，可以进入下一阶段的阶跃响应过程。在出口空气状态时变跟踪轨迹情况下，仿真全过程体现了出口空气状态连续变化的趋势，为了节省计算时间，并满足仿真要求，仿真时间设为 0.5h。为了与 EMPC 的控制效果和能耗情况做比较，本书采用经典 PI 控制策略作为对照。

7.4.2　两种控制策略仿真结果分析

（1）出口空气状态阶跃响应性能研究及系统能效分析

　　该仿真通过设置出口空气状态的阶跃变化，研究 EMPC 策略的控制性能和系统耗能状况。通常室内的空气状态被设置到一个舒适值后长时间保持不变，本书仿真设置空气状态不同的阶跃变化模拟不同情况下的设定值，如图 7.3 中实线 w1 和 w2 所示。从图中可知，仿真初始阶段设置除湿器出口空气温度和湿度分别为 16.5℃和 7.2g/kg；待系统稳定后，改变出口空气状态，温度由 16.5℃提高到 17.3℃，同时湿度由 7.2g/kg 提高到 7.5g/kg；之后，设置空气状态回到初始状态；最后设置除湿器出口空气状态处于较低值，即将出口空气温度降至 15℃，出口空气湿度降至 6.3g/kg。在该仿真过程中，空气状态上升和下降的阶跃变化情况都被考虑和模拟了。

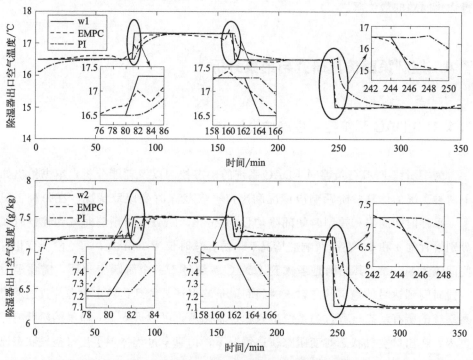

图 7.3 两种控制策略下除湿器出口空气状态变化

上一节中提到本书采用 EMPC 和 PI 控制两种控制策略，在可接受的误差范围内控制阶跃变化工况下除湿器输出的空气状态。两种控制策略的出口空气温、湿度响应如图 7.3 所示，其中虚线代表 EMPC 策略，点划线代表 PI 控制策略。图中显示，PI 和 EMPC 策略均能使出口空气温度和湿度稳定在设定值附近，且稳态误差较小。其中，在温度控制方面，EMPC 策略相比于 PI 控制策略具有较小的滞后时间和超调量。在第 84min 和第 248min 的动态变化中，EMPC 策略使系统出口空气温度最大相对误差为 3%，PI 控制的最大相对误差为 10%。在湿度控制方面，与湿度参考值相比，EMPC 造成的偏差最大值约为 0.38g/kg，而

PI 控制的偏差最大值为 0.97g/kg，由此看出，EMPC 策略的动态偏移量较小，湿度控制效果也优于 PI 策略。

从阶跃响应过程可以看出，EMPC 对出口空气温度和湿度的调节速度快于 PI。从聚焦放大的图中可以看出，EMPC 策略可以预测并提前 2min 调节出口空气状态，而 PI 控制策略产生大约 2min 的延迟控制，这是因为在 EMPC 滚动优化过程中预测了有限时间内出口空气温、湿度的变化，使得这些变化可以在实际发生之前得到提前处理。此外，EMPC 策略使出口空气状态在稳态值附近波动较小，这是因为 EMPC 策略在滚动优化过程中考虑控制变量的变化率，变化率较大的控制变量被舍弃。

EMPC 和 PI 控制策略中的控制量变化趋势如图 7.4 所示。在 EMPC 策略控制下，在前 162min，溶液流量基本保持不变；在 244min 后，溶液流量下降比较明显。溶液温度的变化趋势与出口空气温度的变化趋势几乎一致，因此，溶液温度对出口空气状态的影响较大。PI 控制器的溶液流量基本保持不变（见放大图），溶液温度根据不同的出口空气状态进行调节。与 PI 控制策略相比，EMPC 策略会选择溶液流量较小、温度较低的控制量调节出口空气状态。

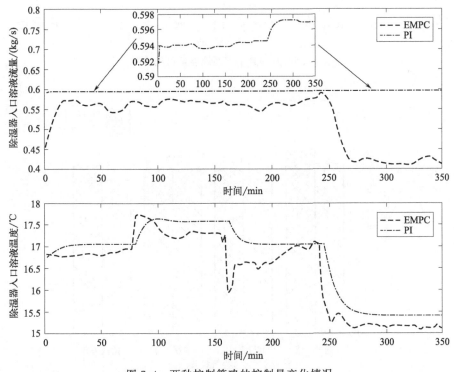

图 7.4　两种控制策略的控制量变化情况

除了控制性能的比较，本书还给出了系统耗能对比，探索 EMPC 策略对系统能效的改善情况。根据前面建立的系统能耗模型，比较两种控制策略的 LDAC 系统能耗。EMPC 策略在优化目标中考虑了系统能耗，因此系统能耗能够在 LDAC 运行过程中得到实时优化，与 PI 控制策略相比，EMPC 策略最高可以节约 13.4% 的能源，平均可以节省 6.8% 的能耗。从图 7.5 可以看出，空气状态设定值较高时，系统稳态运行阶段的节能效果可以达到 5% 以上，而在空气状态设定值较低时，节能效果可以达到 10% 以上。因此，本书所提出的 EMPC 策略可以在空气状态设定值较低时获得较高的能效提升，详细分析如图 7.6 和表 7.4 所示。

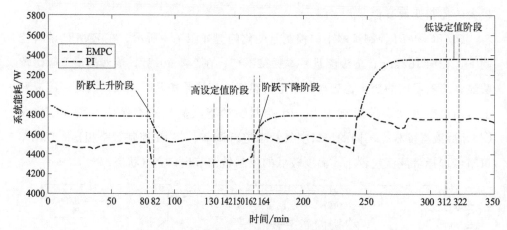

图 7.5　两种策略下系统能量消耗情况

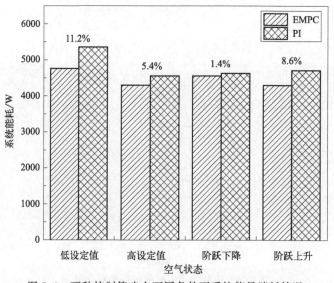

图 7.6　两种控制策略在不同条件下系统能量消耗情况

表7.4　空气状态设定值对应系统能效改善情况

出口空气状态	系统能效提升/%
低设定值时	11.2
高设定值时	5.4
阶跃下降	1.4
阶跃上升	8.6

（2）出口空气状态时变跟踪性能研究及系统能效分析

该仿真目的是研究 EMPC 策略在除湿器出口空气状态时变轨迹下的跟踪性能和系统耗能状况。参考轨迹如图7.7中实线 w1、w2 所示。在前15min内，设置出口空气温度由 16.2℃ 连续下降至 13.8℃，出口空气湿度由 6.6g/kg 连续下降至 5.7g/kg；然后保持出口空气温度和湿度值不变，大约持续7min；之后，出口空气温度从 13.8℃ 连续提高到 15℃，出口空气湿度从 5.7g/kg 连续提高到 6.3g/kg。EMPC 策略和 PI 控制策略都是在相同的变化条件下控制，图7.7为除湿器出口空气温、湿度的跟踪响应曲线。从图可以看出，在相同轨迹变化的情况下，EMPC 策略与 PI 控制策略相比有较小的跟踪误差，对除湿器出口空气温度和湿度具有更好的轨迹跟踪性能。

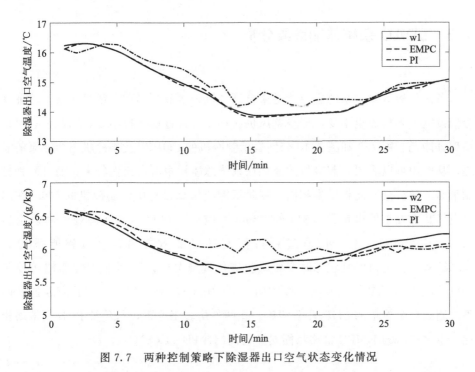

图7.7　两种控制策略下除湿器出口空气状态变化情况

　　两种控制策略的系统能耗比较如图 7.8 所示。由于初始设定的空气状态相同，两种控制策略在前几分钟内 LDAC 的能耗相差无几，但是除起始时间外，EMPC 策略产生的系统能耗均低于 PI 控制策略产生的系统能耗，平均可达 9.5％的节能效果。

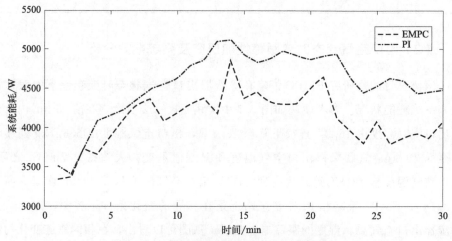

图 7.8　两种控制策略下系统消耗能量情况

7.5　LDAC 系统节能效果分析

　　考虑到溶液除湿系统主要能耗来自制冷机、溶液泵和空调风机，模型验证部分假设空气入口流量不变，即空调风机功耗在仿真过程保持不变，因此没有讨论该部分能耗。图 7.9 和图 7.10 分别表示制冷机的 COP 以及制冷机与溶液泵的能耗，从图中可以看出，制冷机的能耗在系统总能耗中所占比例较大，而且两种控制策略下的溶液泵能耗基本相同。在阶跃响应仿真过程中，制冷机的 COP 在出口空气状态处于低设定值（311～322min）时高于出口空气状态处于高设定值（130～142min），整个仿真过程可使制冷机能效提升，总节省能量约为 50.98kW。在出口空气状态时变跟踪轨迹仿真情况中，采用 EMPC 策略可使制冷机节能 12.65kW，在开始一段时间（0～3min），由于初始空气状态相同，两种控制策略制冷机的 COP 几乎相等。在两种仿真工况下，与传统 PI 控制策略相比，本书提出的 EMPC 策略都能明显提高制冷机的 COP。

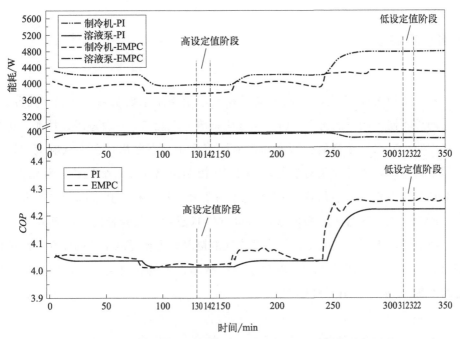

图 7.9　两种控制策略在系统阶跃响应时制冷机与溶液泵功耗对比

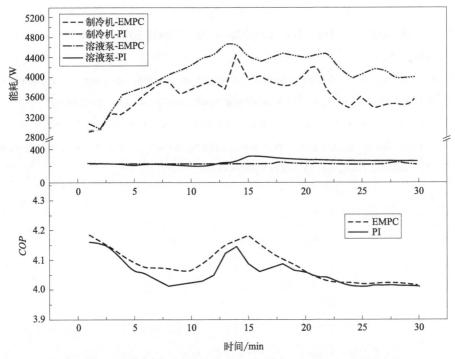

图 7.10　两种控制策略在跟踪时变轨迹时制冷机与溶液泵功耗对比

7.6 本章小结

本章采用 EMPC 策略和 PI 控制策略对溶液除湿系统动态控制和能耗分析。设计两种不同工况下的仿真，研究系统阶跃响应性能和时变轨迹跟踪性能。仿真结果表明，EMPC 策略能够预测和提前调节系统动态输出，在阶跃响应中，除湿器出口空气状态最大相对误差均小于 PI 控制策略，在时变轨迹跟踪情况下，EMPC 策略的跟踪性能相较于 PI 控制策略更好。从两种仿真情况的能效分析中知，EMPC 策略改善了系统能效，出口空气状态设定值较低时，改善效果较明显，通过比较不同空气状态条件下系统耗能情况和主要耗能设备的能耗，总结出 EMPC 策略对系统能效的改善取决于空气状态设定值和变化方向，提高制冷装置的 COP 有利于提升系统能效。

参考文献

[1] 席裕庚，李德伟，林姝. 模型预测控制——现状与挑战 [J]. 自动化学报，2013，39 (3)：222-236.

[2] Yao Y，Chen J. Global optimization of a central air-conditioning system using decomposition-coordination method [J]. Energy and Buildings，2010，42 (5)：570-583.

[3] Wang X L，Cai W J，Yin X H. A global optimized operation strategy for energy savings in liquid desiccant air conditioning using self-adaptive differential evolutionary algorithm [J]. Applied Energy，2017，187：410-423.

第八章

溶液除湿空调系统分布式模型预测控制

8.1 分布式模型预测控制概述

MPC 在工业领域的广泛应用离不开成熟理论的支撑和实践经验的积累，随着工业发展日趋大型化，各种复杂大型系统存在系统模型愈加复杂、子系统之间耦合严重、各类约束条件和优化目标增多的现象[1]。结合 MPC 策略，为解决此类大型系统的控制问题，出现了集中式模型预测控制（Centralized Model Predictive Control，CMPC）、分散式模型预测控制（Decentralized Model Predictive Control，DeMPC）和分布式模型预测控制（Distributed Model Predictive Control，DMPC）三种控制结构，如图 8.1、图 8.2 和图 8.3 所示。CMPC 策略基于系统模型只由一个控制器对整个系统集中式控制，当遇到规模较大且复杂的系统时，CMPC 的控制器在线计算负荷较大，使系统控制实时性变差[2]。而且当生产过程需调整工艺时，控制器为适应新工艺需要重新设计。另外，任何子系统出现故障会引起整个系统控制过程失效，控制风险性较高。针对 CMPC 在线计算负荷大和系统设备维护问题，DeMPC 策略被越来越多的工业生产应用，为简化系统复杂性和减少计算时间，整体系统被划分为多个子系统分别控制，各子系统之间没有任何信息交流和相互约束。由于完全割裂子系统之间的耦合作用，对闭环系统稳定性条件提出了更严的要求[3,4]。当子系统之间耦合严重、相互约束作用强时，DeMPC 整体控制性能较 CMPC 变差。DMPC 在 DeMPC 的基础上增加了子系统之间的信息交互环节，与 DeMPC 相比，DMPC 可使子系统之间相互协作，共同完成系统控制与优化的目标。与 CMPC 相比，将单一控制器的计算负荷分配给各子系统的控制器，既考虑了整体系统的控制性能，同时兼顾降低计算成本。DMPC 还能满足系统灵活扩展的要求，具有可靠性高、维护方便的特点，非常适合大型复杂系统的控制与优化。因此本书选择研究 DMPC 策略对 LDAC 的控制性能。

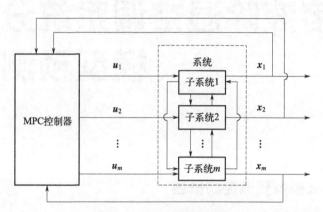

图 8.1　CMPC 控制结构图

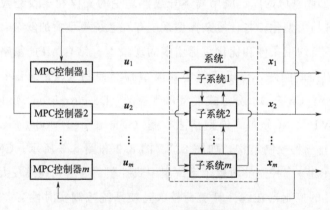

图 8.2　DeMPC 控制结构图

　　目前，研究学者对 DMPC 的研究已取得不错的成果[5-8]，利用 DMPC 策略对大型系统控制和优化时必然要考虑如何合理拆分相互关联的子系统[9,10] 以及如何协调各子系统之间实现系统全局优化目标。不合理的子系统分解会增加计算量，降低估计性能[11]。常见有根据理论方法如社区结构检测分布式状态估计和控制的子系统分解方法[12] 划分，还有根据子系统设备物理拓扑结构划分[13]。根据子系统的局部目标函数是否考虑系统性能指标分为协调式 DMPC[14,15] 和

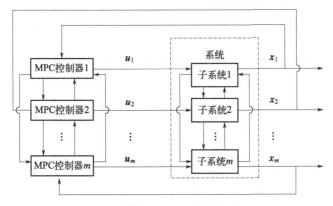

图 8.3　DMPC 控制结构图

非协调式 DMPC[16,17]，前者考虑系统全局目标函数并使其最小化，后者仅考虑子系统局部优化目标函数，因此系统控制性能较前者差一些[18]。DMPC 的设计目标是在保证整体系统控制性能的条件下，尽可能减少子系统间信息交互负担和在线计算量。本书拟将 LDAC 系统按照系统功能划分为除湿系统和再生系统两个子系统，研究协调式 DMPC 策略对 LDAC 系统的控制性能，并比较 CMPC 和 DeMPC 策略的控制性能。

8.2　LDAC 系统模型辨识与 DMPC 问题描述

8.2.1　LDAC 系统模型辨识

为了清楚表示 LDAC 系统各子系统之间的相互作用关系，本书通过实验数据辨识获得系统离散状态空间表达式作为接下来控制性能研究的预测模型。上文也提到 LDAC 系统是根据系统功能拆分为两个子系统，即除湿系统和再生系统，因为整个除湿过程需二者密切配合才能实现室内空气的调温和除湿，所以两个子系统之间存在耦合关系。通常在 DMPC 中，各子系统的耦合关系存在三种情况：只有状态耦合，没有控制作用耦合；无状态耦合但有控制作用耦合；既有状态耦合又存在控制作用耦合。本书同时考虑了 LDAC 系统状态耦合和控制作用耦合的情况。

一般系统状态空间表达式为

$$x(k+1)=Ax(k)+Bu(k) \tag{8-1}$$

$$y(k+1) = Cx(k+1) \tag{8-2}$$

其中，$x = [x_1^T, \cdots, x_i^T, \cdots, x_m^T]^T \in \mathbf{R}^{n_x}$ 表示系统状态向量；$u = [u_1^T, \cdots, u_i^T, \cdots, u_m^T]^T \in \mathbf{R}^{n_u}$ 表示系统控制向量；A、B 和 C 分别表示系统矩阵、输入系数矩阵和输出系数矩阵；m 表示子系统数目。

$$A = \begin{bmatrix} A_{11} & \cdots & A_{1i} & \cdots & A_{1m} \\ \vdots & & \vdots & & \vdots \\ A_{i1} & \cdots & A_{ii} & \cdots & A_{im} \\ \vdots & & \vdots & & \vdots \\ A_{m1} & \cdots & A_{mi} & \cdots & A_{mm} \end{bmatrix}, B = \begin{bmatrix} B_{11} & \cdots & B_{1i} & \cdots & B_{1m} \\ \vdots & & \vdots & & \vdots \\ B_{i1} & \cdots & B_{ii} & \cdots & B_{im} \\ \vdots & & \vdots & & \vdots \\ B_{m1} & \cdots & B_{mi} & \cdots & B_{mm} \end{bmatrix},$$

$$C = \begin{bmatrix} C_{11} & \cdots & C_{1i} & \cdots & C_{1m} \\ \vdots & & \vdots & & \vdots \\ C_{i1} & \cdots & C_{ii} & \cdots & C_{im} \\ \vdots & & \vdots & & \vdots \\ C_{m1} & \cdots & C_{mi} & \cdots & C_{mm} \end{bmatrix}$$

本书通过 Matlab 的系统辨识工具获得 LDAC 系统矩阵 A_{LDAC}，输入矩阵 B_{LDAC} 和输出矩阵 C_{LDAC}，为了确保辨识精度，最终确定系统状态数目为 6，系统输出为再生器和除湿器出口空气的温、湿度。通过 N4SID 方法辨识的模型再生器出口空气温、湿度精度分别为 96.85% 和 85.97%，除湿器出口空气温、湿度辨识精度分别为 94.55% 和 79.78%。辨识结果如图 8.4 所示。

$$A_{\text{LDAC}} = \begin{bmatrix} 0.35 & -0.1 & 0.26 & 0.22 & -0.2 & 0.22 \\ 0.54 & 0.88 & -0.54 & -0.15 & 0.06 & -0.26 \\ -0.54 & -0.72 & 0.25 & -0.5 & -0.86 & -0.4 \\ 0.37 & -0.36 & -0.73 & 0.28 & 0.22 & -0.45 \\ -0.31 & -0.42 & -0.11 & 0.08 & 0.02 & 0.35 \\ -0.02 & 0.08 & -0.19 & -0.57 & 0.6 & 0.13 \end{bmatrix}$$

$$B_{\text{LDAC}} = \begin{bmatrix} 5.88 & -2.95 & 0.12 & -0.87 \\ 2.88 & 0.59 & -0.57 & 1.78 \\ 38.42 & -8.54 & -1.71 & 5.07 \\ -27.66 & 4.11 & -0.93 & 1.94 \\ 14.41 & -10.02 & -0.97 & 6.25 \\ 24.06 & 6.87 & -0.63 & 3.43 \end{bmatrix}$$

$$\boldsymbol{C}_{\text{LDAC}} = \begin{bmatrix} 0.07 & 0.02 & -0.02 & 0.03 & -0.1 & 0.02 \\ -0.09 & -0.12 & 0.05 & -0.04 & -0.04 & -0.03 \\ -1.53 & -0.87 & 0.22 & -0.22 & 0.13 & -0.05 \\ -0.29 & -0.37 & 0.06 & 0 & 0.08 & 0.06 \end{bmatrix}$$

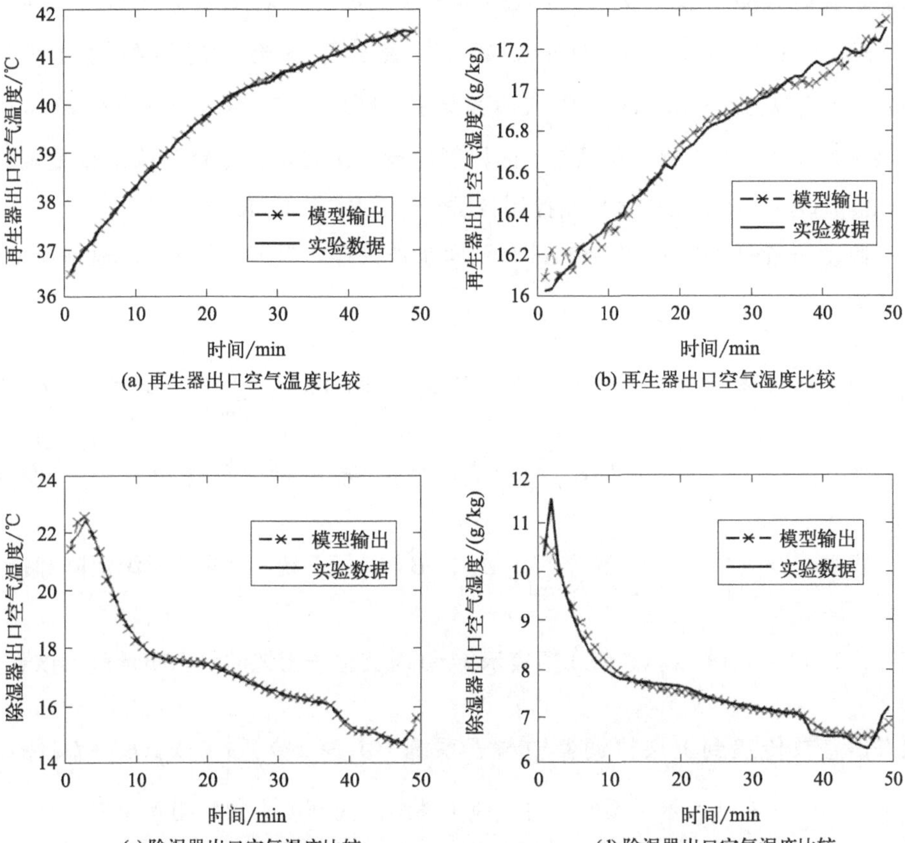

(a) 再生器出口空气温度比较

(b) 再生器出口空气湿度比较

(c) 除湿器出口空气温度比较

(d) 除湿器出口空气湿度比较

图 8.4　LDAC 系统辨识模型输出与实验数据比较

8.2.2　DMPC 问题描述

根据系统预测模型，本书分别采用 CMPC、DeMPC 和协调 DMPC 控制。有限时间 CMPC 问题描述为

$$\min_{\boldsymbol{Y},\boldsymbol{U}} J_C = \frac{1}{2} \big[\boldsymbol{Y}(k) - \boldsymbol{Y}_{\text{set}} \big]^{\text{T}} \boldsymbol{Q} \big[\boldsymbol{Y}(k) - \boldsymbol{Y}_{\text{set}} \big] + \boldsymbol{U}(k)^{\text{T}} \boldsymbol{R} \boldsymbol{U}(k) \tag{8-3}$$

s. t.

$$x(k+l+1|k)=Ax(k+l|k)+Bu(k+l|k), l=0,\cdots,N-1 \quad (8\text{-}4)$$

$$y(k+l+1|k)=Cx(k+l+1|k), l=0,\cdots,N-1 \quad (8\text{-}5)$$

其中，x 和 u 分别表示系统状态变量和控制变量；N 是预测时域，本书假设控制时域与预测时域一致，尽管较长的控制时域增加了计算量，但是也改善了控制系统的性能[19]；$Y(k)=[Y_1(k)^T,\cdots,Y_m(k)^T]^T$ 表示系统预测输出向量；$Y_i(k)=[y_i(k|k)^T,\cdots,y_i(k+N|k)^T]^T$ 表示子系统 i 的预测输出向量；$U(k)=[U_1(k)^T,\cdots,U_m(k)^T]^T$ 表示系统控制向量；$U_i(k)=[u_i(k|k)^T,\cdots,u_i(k+N-1|k)^T]^T$ 表示子系统 i 的控制向量；Q 表示正定对角输出权重矩阵，$Q=\mathrm{diag}(Q_i)$；R 表示正定对角控制权重矩阵，$R=\mathrm{diag}(R_i)$。

假设 m 个子系统在 $T_k=k\Delta t$ 时刻同步被采样，对于子系统 i，预测模型表达式为

$$x_i(k+l+1|k)=A_{ii}x_i(k+l|k)+B_{ii}u_i(k+l|k)+\sum_{j\neq i}^m(1-\alpha)A_{ij}x_j(k|k)$$
$$+\sum_{j\neq i}^m[\alpha A_{ij}x_j(k+l|k)+B_{ij}u_j(k+l|k)] \quad (8\text{-}6)$$

式中，$\alpha=\begin{cases}0 & l=0\\1 & l=1,\cdots,N-1\end{cases}$；$A_{ii}$ 和 B_{ii} 是子系统 i 对应的系统矩阵和控制矩阵；$\sum_{j\neq i}^m(1-\alpha)A_{ij}x_j(k|k)$ 项表示 $l=0$ 时其他子系统的状态测量值，该部分状态信息被传递到上层协调器中与子系统 i 共享；$\sum_{j\neq i}^m[\alpha A_{ij}x_j(k+l|k)+B_{ij}u_j(k+l|k)]$ 表示子系统 i 与其他子系统之间预测未知的相互作用信息。

$$e_i(k+l|k)\stackrel{\Delta}{=\!=\!=}v_i(k+l|k)-\sum_{j\neq i}^m[\alpha A_{ij}x_j(k+l|k)+B_{ij}u_j(k+l|k)]$$

$$(8\text{-}7)$$

$$E(k|k)=\sum_i^m\Theta_i(k)\begin{bmatrix}X_i(k)\\Y_i(k)\\V_i(k)\end{bmatrix} \quad (8\text{-}8)$$

其中 e_i 表示系统预测的子系统间的相互作用信息与计算值 v_i 之差，当 $e_i(k+l|k)\to 0$ 时，分布式 DMPC 的结果越接近于 CMPC。$\Theta_i(k)$ 详见参考文献 [20]。

本书采用价格驱动协调式 DMPC，其核心是在目标函数式（8-3）中引入惩罚约束式（8-7），一般的，价格驱动协调式 DMPC 问题包含两层：下层是子系统的 MPC 问题；上层包含一个协调器。双层 DMPC 问题表述如下：

$$\max_{\boldsymbol{p}} \boldsymbol{J}_{\mathrm{D}}(\boldsymbol{p}, \boldsymbol{X}^{*}(k), \boldsymbol{U}^{*}(k), \boldsymbol{V}^{*}(k)) \tag{8-9}$$

$$\begin{bmatrix} \boldsymbol{X}^{*}(k) \\ \boldsymbol{U}^{*}(k) \\ \boldsymbol{V}^{*}(k) \end{bmatrix} = \arg \min \left\{ \boldsymbol{J}_{\mathrm{D}} = \sum_{i=1}^{m} \overline{\boldsymbol{J}}_{\mathrm{D}_{i}} \right\} \tag{8-10}$$

s. t.

$$\boldsymbol{\Lambda}_{i} \begin{bmatrix} \boldsymbol{X}_{i}(k) \\ \boldsymbol{U}_{i}(k) \\ \boldsymbol{V}_{i}(k) \end{bmatrix} = b_{i} \tag{8-11}$$

$$\boldsymbol{J}_{\mathrm{D}_{i}} = \frac{1}{2} \left[\boldsymbol{X}_{i}(k) - \boldsymbol{X}_{i,\mathrm{set}} \right]^{\mathrm{T}} \boldsymbol{Q}_{i} \left[\boldsymbol{X}_{i}(k) - \boldsymbol{X}_{i,\mathrm{set}} \right] + \boldsymbol{U}_{i}(k)^{\mathrm{T}} \boldsymbol{R}_{i} \boldsymbol{U}_{i}(k) + \boldsymbol{p}^{\mathrm{T}} \boldsymbol{\Theta}_{i} \begin{bmatrix} \boldsymbol{X}_{i}(k) \\ \boldsymbol{U}_{i}(k) \\ \boldsymbol{V}_{i}(k) \end{bmatrix}$$

$$\tag{8-12}$$

式（8-9）表示上层协调器部分；式（8-10）代表下层局部 MPC 部分，约束式（8-11）见参考文献［20］，表示子系统间相互作用信息约束。典型价格驱动协调 DMPC 的求解方法是在上层协调器部分利用梯度下降方法更新价格向量，直到 $E(k \mid k)$ 下降到设定值或者系统获得一个最优解，这通常需要经过迭代计算，而且获得的可能是局部最优解，而在文献［20］中利用 KKT 条件给出了价格向量 $\boldsymbol{p}^{*}$ 的解析解，进而获得 $\boldsymbol{X}^{*}$、$\boldsymbol{U}^{*}$ 和 $\boldsymbol{V}^{*}$ 的全局最优解。本书正是基于该方法研究 DMPC 策略对 LDAC 系统的控制性能。

8.3　DMPC 策略控制性能仿真研究

8.3.1　DMPC 策略控制性能仿真

本节基于 LDAC 系统预测模型，在相同设定条件下比较三种预测控制策略的输出结果，CMPC 和 DeMPC 的目标函数均采用常规解析式方法求得最优控制

量 U^*，DeMPC 策略的子系统模型单独通过再生实验和除湿实验数据辨识得到。子系统 1 再生器的状态数目为 4，控制量为再生器入口溶液流量和温度，输出为再生器出口空气温度和湿度；子系统 2 除湿器的状态数目为 2，控制量为除湿器入口溶液流量和温度，输出为除湿器出口空气温度和湿度。DeMPC 忽略了系统间的相互作用，对应的优化问题为

$$\min_{U} J_{DE} = \sum_{i=1}^{m} J_{DE_i} \tag{8-13}$$

s. t.

$$x_i(k+l+1|k) = A_{ii}x_i(k+l|k) + B_{ii}u(k+l|k), l=0,\cdots,N-1 \tag{8-14}$$

$$y_i(k+l+1|k) = C_{ii}x_i(k+l+1|k) \tag{8-15}$$

$$J_{DE_i} = \frac{1}{2}[X_i(k)-X_{i,set}]^T Q_i [X_i(k)-X_{i,set}] + U_i(k)^T R_i U_i(k) \tag{8-16}$$

参考文献［20］中的状态即为系统的输出，本书的系统状态变量没有被赋予实际的物理含义，而是通过 $y=Cx$ 进一步求出 LDAC 系统或者子系统对应的输出，为了观察系统输出情况，设置期望输出 $y_{1set}=37℃$，$y_{2set}=16g/kg$，$y_{3set}=17.5℃$，$y_{4set}=8.7g/kg$，分别表示再生器和除湿器出口空气温湿度。系统状态变量参考值 X_{set} 可以根据期望输出 y_{set} 计算得到。预测时域和控制时域均设为 4，α 为 0，仿真时长为 100min，CMPC、DMPC、DeMPC 三种控制策略均在 Matlab 环境下仿真。表 8.1 总结了各控制器对应的相关参数设置。

表 8.1　各控制器相关参数设置

控制量下限	$u_1=1.0kg/s, u_2=35℃, u_3=10℃, u_4=0.5kg/s$
控制量上限	$u_1=1.5kg/s, u_2=44℃, u_3=22℃, u_4=1kg/s$
采样时间	1min

8.3.2　仿真结果分析

该仿真目的在于比较三种控制策略的输出跟踪性能，本书研究 LDAC 系统输出分别为再生器和除湿器出口空气的温、湿度，图 8.5～图 8.8 表示三种控制策略下的输出跟踪结果，图中虚线表示设定的期望输出值，目标函数中的状态参考值是根据输出期望值计算得到的，图中实线代表协调 DMPC 控制策略，叉号代表 CMPC 控制策略，点划虚线代表 DeMPC 控制策略。图 8.5 和图 8.6 表示再

生器出口空气状态。由图可知，在温度控制中，协调 DMPC 与 CMPC 的输出几乎重合，且温度控制效果波动小，稳态误差小，输出平均相对误差为 2％；DeMPC 虽然也能收敛至温度期望值附近，但在控制开始时刻，温度波动幅度较大，在实际运行中该温度应该由输出阈值限制其较高的温度值，输出平均相对误差为 7.7％。在湿度控制中，协调 DMPC 和 CMPC 出现了较小波动，在 30min 左右收敛至输出期望值附近，稳态误差也较小，平均相对误差为 5％；DeMPC 在开始控制时出现了较大的湿度偏差，平均相对误差为 12.8％。图 8.7 和图 8.8 表示除湿器出口空气状态。同样的，协调 DMPC 与 CMPC 控制效果几乎相同，在控制过程中出现振荡，但最终能以较低的稳态误差收敛至输出期望值附近，对出口空气温度和湿度的输出平均误差分别为 9％和 12％；DeMPC 在控制起始状态与期望值偏差较大，而且整个控制过程以过阻尼状态逐渐接近期望值，调整过程缓慢，输出平均相对误差分别为 11％和 16％，相较于 DMPC 稳态误差较大。

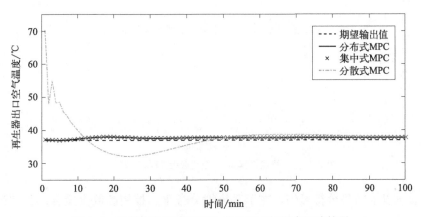

图 8.5　三种控制策略下再生器出口空气温度跟踪情况

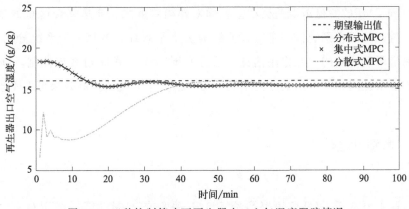

图 8.6　三种控制策略下再生器出口空气湿度跟踪情况

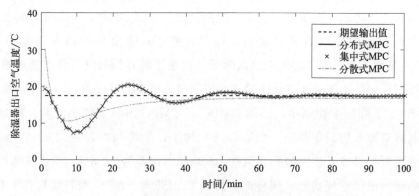

图 8.7　三种控制策略下除湿器出口空气温度跟踪情况

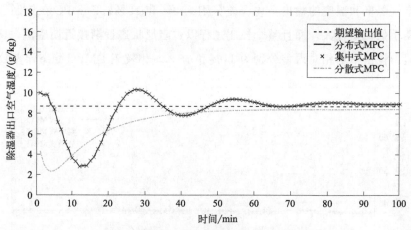

图 8.8　三种控制策略下除湿器出口湿度跟踪情况

　　通过以上结果分析可知，在子系统划分合理、控制参数设置合适的情况下，协调 DMPC 可以达到与 CMPC 几乎一致的控制效果，而与 DeMPC 相比，协调 DMPC 输出平均误差较低，而且，从整个仿真长时间运行结果来看，协调 DMPC 和 CMPC 的稳态误差更小。在面对建模难度大、变量耦合严重的复杂大型系统时，可以将系统按一定方式分解为多个子系统，对每个子系统分别建模，然后采集子系统间的相互作用信息，通过协调 DMPC 策略对系统控制，DeMPC 忽略了子系统间相互作用的重要信息，对大型复杂系统的控制效果可能不理想。

8.4　本章小结

　　本章主要基于 DMPC 策略研究 LDAC 系统的控制性能。在面对系统维数大、系统变量耦合复杂的大型系统时，CMPC 增加了计算成本，控制实时性变差，通常的解决办法是将系统按照一定方式分解成多个子系统分别控制，根据子系统间有无信息交流分为 DeMPC 和 DMPC。前者独立地控制每个子系统，各子系统间无任何联系；后者考虑了子系统间的相互作用，并在子系统控制中考虑到该部分作用信息，既简化了系统控制复杂度又保证了系统的整体性能。本书通过实验数据利用参数辨识方法得到 LDAC 系统离散状态空间模型，并验证该模型的预测精度，考虑到 LDAC 系统主要由除湿和再生两个过程组成，因此将 LDAC 系统按照功能划分为除湿系统和再生系统两个子系统分别控制。为了比较 DMPC、CMPC 与 DeMPC 的控制效果，分别提出对应的优化目标函数以及求解方法，设计系统输出跟踪仿真。仿真结果表明，在参数设置合适的情况下，DMPC 可达到与 CMPC 几乎一致的控制效果，从系统长时间运行结果来看，DMPC 和 CMPC 的控制效果比 DeMPC 更好，稳态误差更小。

参考文献

[1] Van Antwerp J G，Braatz R D. Model predictive control of large scale processes [J]. Journal of Process Control，2000，10 (1)：1-8.

[2] 乐健，廖小兵，章琰天，等. 电力系统分布式模型预测控制方法综述与展望 [J]. 电力系统自动化，2020，44 (23)：179-191.

[3] Raimondo D M，Magni L，Scattoimi R. Decentralized MPC of nonlinear systems：an input-to-state stability approach [J]. International Journal of Robust and Nonlincar Control，2007，17 (17)：1651-1667.

[4] Alessio A，Barcelli D. Decentralized model predictive control of dynamically coupled linear systems [J]. Journal of Process Control，2011，21 (5)：705-714.

[5] Wang D，Glavic M，Wehenkel L. Comparison of centralized，distributed and hierarchical model predictive control schemes for electromechanical oscillations damping in large-scale power systems [J]. International Journal of Electrical Power & Energy Systems，2014，58：32-41.

[6] Scattolini R. Architectures for distributed and hierarchical model predictive control—a review [J]. Journal of Process Control，2009，19 (5)：23-731.

[7] Christofides P D，Scattolini R，de la Pena D M，et al. Distributed model predictive control：a tutorial review and future research directions [J]. Computers & Chemical Engi-

neering，2013，51：21-41.

[8] Rawlings J B，Stewart B T. Coordinating multiple optimization-based controllers：new opportunities and challenges [J]. Journal of Process Control，2008，18 (9)：839-845.

[9] Tang W，Daoutidis P. Network decomposition for distributed control through community detection in input-output bipartite graphs [J]. Journal of Process Control，2018，64：7-14.

[10] Daoutidis P，Tang W，Jogwar S S. Decomposing complex plants for distributed control：perspectives from network theory [J]. Computers & Chemical Engineering. 2017，114：43-51.

[11] Yin X Y，Arulmaran K，Liu J F. Subsystem decomposition and configuration for distributed state estimation [J]. AIChE Journal，2016，62 (6)：1995-2003.

[12] Yin X Y，Liu J F. Subsystem decomposition of process networks for simultaneous distributed state estimation and control [J]. AIChE Journal，2019，65 (3)：904-914.

[13] Yin X Y，Decardi-Nelson B，Liu J F. Subsystem decomposition and distributed moving horizon estimation of wastewater treatment plants [J]. Chemical Engineering Research and Design，2018，134：405-419.

[14] Venkat A N，Rawlings J B，Wright S J. Stability and optimality of distributed model predictive control [C] //Proceedings of the 2005 Joint IEEE Conference on Decision and Control and European Control Conference，Seville，Spain，2005：6680-6685.

[15] Stewart B T，Venkat A N，Rawlings J B. Cooperative distributed model predictive control [J]. Systems & Control Letters，2010，59 (8)：460-469.

[16] Richards A，How J P. Robust distributed model predictive control [J]. International Journal of Control，2007，80 (9)：1517-1531.

[17] Trodden P，Richards A. Robust distributed model predictive control using tubes [C] // Proceedings of the 2006 American Control Conference，Minneapolis，Minnesota，USA，2006：2034-2039.

[18] 戴荔. 分布式随机模型预测控制方法研究 [D]. 北京：北京理工大学，2016.

[19] Pannek J. Receding horizon control：a suboptimality-based approach [D]. Germany：University of Bayreuth，2009.

[20] Hassanzadeh B，Liu J F，Forbes J F. A bilevel optimization approach to coordination of distributed model predictive control systems [J]. Industrial and Engineering Chemistry Research，2018，57 (5)：1516-1530.

第九章

基于扰动预测前馈控制的
溶液除湿过程控制

典型的过程控制系统，在大多数的运行过程中，主要是通过调节操纵变量使被控输出不受或少受频繁的和可变的干扰的影响，而很少应对设定点变化的运行工况。当干扰传播到输出的速度较快时，仅基于反馈控制的干扰抑制效果往往较差。在干扰可测量的情况下，前馈控制有很大的潜力获得更好的性能。但是，在非因果的情况下，基于逆的前馈控制器是无法实现的。本章提出了一种具有干扰预测能力的前馈控制方案，在精确预测的情况下，其干扰抑制性能得到了极大的改善，但预测误差的增大会使其干扰抑制性能恶化。为了解决这一问题，本章设计了一种补偿机制，用于上述所提新型前馈控制方案的预测误差补偿，并给出了本章所提方案的理论分析和设计步骤。通过典型算例仿真和同步带执行器的实例分析，并与现有前馈控制方法相比较，验证了本章所提方案的有效性。最后针对溶液除湿器（LDD）设计了反馈和前馈相结合的复合控制方案，其中两级反馈控制器作为基本控制方案对被控系统起到镇定作用，而扰动预测前馈控制器则用于提高系统的响应速度性能。在溶液除湿器（LDD）控制的实例仿真研究中，验证了所提出的控制方案具有良好的控制性能。有望在变化环境下使空调系统适应性更强，为居住者提供良好的热舒适性体验。

9.1 概述

反馈控制器只有当干扰已造成输出误差时，才开始对干扰的影响产生控制作用，并可能给出一个比较差的输出调节效果，特别是对具有输入延迟的系统更是这样[1]。干扰抑制已成为控制系统设计中一个重要的问题。当干扰可以测量时，为了提高系统的性能，前馈控制是一种常用的方法，因为这种控制方法可以在干扰造成输出误差之前就起作用[2]。因此，二自由度控制方案被广泛采用，其中反馈控制保证系统的稳定性和鲁棒性，而前馈控制主要改善系统的瞬态响应性能[3]。在文献中，通常采用逆方法[4,5]来获得前馈控制器，即理想的前馈补偿器是由可测量扰动和过程输出之间的传递函数除以控制信号和过程输出之间的传递函数，然后再取负号求得的[6]。

前馈控制的一个关键问题是它的可实现性。如果扰动到达输出的时间延迟小于控制信号的时间延迟，则理想的前馈控制器将具有时间超前，并且在物理上是不可实现的。另一种无法实现的情况是控制器不是正则有理函数。在文献中，这一问题是通过各种方法将不可实现的前馈控制器近似为可实现的前馈控制器来解决的。最简单的近似是仅仅使用前馈控制器的静态增益，这将失去理想前馈控制器的动态补偿功能。动态正则有理控制器具有更好的近似性。Zhong 等人[7] 通过最小化从扰动到输出误差的传递函数的 H_2 范数来确定最优前馈控制器，并在磁带头跟踪系统上取得了良好的抗干扰效果。Guzmán 等人[6] 在对超调和高频增益施加约束条件的情况下，通过最小化绝对输出误差积分整定动态前馈控制器参数。Pawlowski 等人[8] 研究了带时间超前的前馈控制器，并给出了简单控制器和广义预测控制设计的最优参数整定规则。Rodríguez 等人[9,10] 研究了由纯延迟求逆和右半平面零点而导致的不可实现的理想前馈控制器的优化设计和近似实现方法。Hast 和 Hägglund 等人[11] 针对提出的一种解耦的前馈和反馈控制方案，研究了低阶前馈控制器的参数优化整定问题。Adam 和 Marchetti[12] 分析了具有模型不确定性的系统的内部稳定性，并通过最小化闭环输出误差的 H_∞ 范数来设计前馈和反馈控制系统，给出了一种基于模型的鲁棒前馈控制器的设计与参数整定方法。

需要指出的是，放置在参考输入之后和反馈回路之前的前置滤波器，它用以加速系统跟踪设定值的瞬态性能，其工作原理和设计方法与前述的用于消除干扰影响的前馈控制器类似。因此，在本书中，把它们都称为前馈控制。在面对系统惯性和高频共振，要求运动响应快速且精确的运动控制系统的参考输入跟踪中，前置滤波器这种前馈控制方法很受欢迎。Boerlage 等人[13] 将变加速度微分前馈控制应用到工业工作台运动控制中，取得了比惯性前馈控制（IFC）更好的控制性能。Chen 等人[14] 开发了一种用于柔性运动系统的低阶前馈控制系统。对于运动控制系统中前馈控制的更多研究结果，可以参考文献［15］和［16］。

本书论述了常见的不可实现理想前馈控制器的另一种近似实现方法。与文献［9-11］提出的理想前馈控制器近似实现不同，本书方法保持控制器不变，但给它输入"未来的扰动信号"使其得以实现。首先对未知的未来干扰的常见和实际情况做出假设，然后从过去的干扰测量建立一个干扰模型，并使用该模型产生干扰的预测值。研究结果表明，由于预测误差的存在，所得到的控制算法未必能提高系统的前馈控制性能。因此，本书分析了系统对预测误差的响应，并设计了一种新的补偿控制机制，最终带来了显著的性能改善。据所知，本书是首次提出这种具有干扰预测和预测误差补偿的前馈控制方法。以下是本书的创新点：

① 提出了一种利用扰动建模和预测近似实现常见的不可实现理想前馈控制器的新方法。

② 给出了在 $t < 0$ 时的缺失控制信号，通过系统动态控制通道向输出端传递过程的时域分析，然后设计了这个输出响应的补偿机制。

③ 对输出响应如何由于预测误差而发生变化，并通过额外的控制加以补偿的机理提供了 z 域分析。

值得注意的是，在这个大数据时代，更多的传感器和高质量数据都可以获得，使得所有领域的建模和预测的容量和规模都达到了前所未有的水平，这为工程师在更广泛的应用中采用本书提出的控制方案，以提高性能或投资回报开辟了新的途径。

本章所提出的控制方案不同于自抗扰控制（ADRC）。在自抗扰控制中，干扰是不被测量的。相反，扰动和系统不确定性被集中处理为总扰动，然后将这个总扰动作为扩展的状态变量处理，并通过构造状态观测器来估计该变量，最终通过控制律来消除它的影响[17]。Gao[18] 和 Zheng 等[19] 介绍了自抗扰控制的总体框架，其中观测器的设计与控制器的设计相分离，并对系统稳定性和鲁棒性影响较小。Huang 和 Xue[20] 对自抗扰控制的方法和理论进行了回顾和综述，指出自抗扰控制设计的关键问题是准确估计总扰动。需要指出的是，自抗扰控制仅对当前的干扰进行估计，并消除其影响，而不对未来的干扰进行预测或利用。

本章所提出的方案也不同于预见控制[21]，因为预见控制假定具有从初始到无穷整个时间范围内的参考输入和干扰的精确知识。换句话说，当控制系统运行时，假定未来的参考输入和干扰是已知的，并且没有任何误差。这种假设限制性条件很强，在现实中很少会出现这种情形。例如，一个典型的工业装置通常在一个开放的空间中运行，在那里，环境温度会对工业过程产生影响，并作为一个干扰看待。这种干扰是随时间而变化的，操作员是不知道它的未来变化的。再如工业 4.0 中的智能制造系统需要满足动态的、不确定的市场需求。这种需求随着时间的推移永远在变化，对制造商来说，它的未来变化也是未知的。

在解决这类实际应用问题时，本章去除了上述假设条件，设法解决未来干扰或参考输入是未知的情形。从上述例子可以得出，从过去到现在的干扰是可以得到的。随着人工智能、数据挖掘以及建模技术的发展，合理的控制设计方法是从其历史数据中对扰动进行建模，并利用该模型对其未来变化进行滚动窗口预测，然后将预测结果用于控制。这正是本章的主旨。而在上述建模和预测中出现的实际问题是：不可避免地会产生建模或预测误差。正如本章所注意到的和表明的那样，与无误差情况相比，这将导致明显的控制性能降低。针对这种情况，本章提出一种补偿机制来消除预测误差对输出响应的影响，这也是本章控制方案获得成功应用的关键。

9.2　带有扰动预测的前馈控制 PFC

考虑一个具有可测扰动的线性离散时间系统。其由反馈和前馈组成部分构成的复合控制方案如图 9.1 所示，图中反馈控制器 $C_b(z)$ 是由输出误差 e 驱动，而前馈控制器 $C_f(z)$ 以可测扰动 d 作为其输入。假设由控制信号 u 到输出 y 的传递函数为

$$G_u(z) = \frac{b_{m_u} z^{m_u} + \cdots + b_1 z + b_0}{z^{n_u} + a_{n_u - 1} z^{n_u - 1} + \cdots + a_0} \tag{9-1}$$

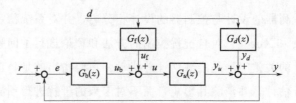

图 9.1　前馈-反馈复合控制方案

而可测扰动 d 到输出 y 的传递函数为

$$G_d(z) = \frac{\beta_{m_d} z^{m_d} + \cdots + \beta_1 z + \beta_0}{z^{n_d} + \alpha_{n_d - 1} z^{n_d - 1} + \cdots + \alpha_0} \tag{9-2}$$

理想的前馈控制器可以实现对干扰的完全抑制，即输出对扰动无任何响应。理想的前馈控制器为

$$C_f(z) = -G_d(z)/G_u(z) \qquad (9\text{-}3)$$

其相对阶次为

$$q = n_d + m_u - n_u - m_d$$

假设 $C_f(z)$ 是稳定的，而不是通常的假设 $G_u(z)$ 必须是最小相位的。这是因为如果 $G_u(z)$ 和 $G_d(z)$ 具有相同的非最小相位零点，它们在 $C_f(z)$ 中会相互抵消。对于参考输入或设定值 r 跟踪的情况，前馈控制器通常也称为前置滤波器，也可以类似地构造。本书所提出的前馈控制方案是针对干扰抑制的情况提出的，但稍做变化，它也可以适用于参考输入或设定值跟踪的情况。

当 $q \geqslant 0$ 时，$C_f(z)$ 是正则且可实现的，因为 $G_u(z)$ 反应速度比 $G_d(z)$ 快，可以实现对干扰的完全抑制。当 $q < 0$ 时，前馈控制器 $C_f(z)$ 就变为非正则且不可实现的。针对此问题，已经做了一些研发工作来近似实现它，如文献 [16] 中的近似前馈控制 （AFC），但本章将通过一种新的方式来实现它，即保持控制器不变，但将未来的干扰提供给它。要实现这一想法，需要解决以下三个主要问题。

① 为了符合实际应用，不应对未知的、可以是任何形状的未来扰动做任何假设。可利用其历史数据对扰动进行建模，从而对其未来值进行预测，来实现一个非正则的有理控制器。

② 任何建模和预测都有误差。可对误差引起输出的响应进行分析，并设计出有效的补偿方案来消除预测误差的影响。

③ 扰动可能随时作用于系统，其影响先于控制信号到达输出，导致控制系统在运行时输出暂态性能较差。必须设法用最快的控制动作来补偿这种输出误差。

值得注意的是，式(9-3) 中的非正则前馈控制器 $C_f(z)$ 可以用长除法唯一地分解为

$$C_f(z) = C_p(z) + \sum_{i=1}^{-q} c_i z^i \qquad (9\text{-}4)$$

式中，$C_p(z)$ 是双正则 （bi-proper） 且可实现的。由此式获得的在时域的前馈控制信号可以用下式表示为

$$u_f(k) = u_p(k) + \sum_{i=1}^{-q} c_i d(k+i) \qquad (9\text{-}5)$$

式(9-5) 中，$u_p(k)$ 是由 $C_p(z)D(z)$ 计算获得的控制信号。而式(9-5) 中

等号右边的第二项与未来的扰动 $d(k+i)(1 \leqslant i \leqslant -q)$ 有关，这里的特殊现象是：式(9-4)中的非因果控制器，要求式(9-5)中的控制序列在 $k=0$ 时刻系统运行之前，从 $k=q<0$ 就开始起作用，这意味着在 $q=k<0$ 处的前几步中实际上控制信号是不可能起作用的。因此在实践中，式(9-5)应该用下式代替。

$$u_f(k) = \begin{cases} 0 & k < 0 \\ u_p(k) + \sum_{i=1}^{-q} c_i d(k+i) & k \geqslant 0 \end{cases} \tag{9-6}$$

这样就会因没能完全消除扰动的影响而使输出产生误差。下面，将揭示这些误差存在的原因以及如何才能对其进行补偿。

如图 9.1 所示，对扰动 $D(z)$ 和前馈控制信号 $U_f(z)$ 的开环响应 $Y(z)$ 为

$$Y(z) = G_d(z)D(z) + G_u(z)U_f(z) \tag{9-7}$$

对式(9-7)进行交叉乘法和 z 逆变换得到时间响应 $y(k)$

$$\begin{aligned} y(k) = &- \sum_{i=-n_d-n_u}^{-1} \gamma_{i+n_d+n_u} y(k+i) \\ &+ \sum_{j=-n_d-n_u}^{m_d-n_d} K_{j+n_d+n_u} d(k+j) \\ &+ \sum_{l=-n_d-n_u}^{m_u-n_u} \lambda_{l+n_d+n_u} u_f(k+l) \end{aligned} \tag{9-8}$$

由式(9-1)和式(9-2)确定的式(9-8)中各项的系数为

$$\begin{cases} \gamma_i = \sum_{k=0}^{i} a_k \alpha_{i-k}, 0 \leqslant i < n_u + n_d \\ K_j = \sum_{k=0}^{j} a_k \beta_{i-k}, 0 \leqslant j < n_u + m_d \\ \lambda_l = \sum_{k=0}^{l} b_k \alpha_{l-k}, 0 \leqslant l < m_u + n_d \end{cases}$$

假设初始条件为

$$\begin{cases} y(k) = 0, k < 0 \\ d(k) = 0, k < 0 \\ u_f(k) = 0, k < 0 \end{cases}$$

① 如果存在满足 $0 \leqslant k < n_d - m_d$ 的 k，将初始条件代入式(9-8)得到结果

$$y(k)=0, 0 \leqslant k < n_d - m_d \tag{9-9}$$

② 当 $k = n_d - m_d$ 时，式(9-8) 变为

$$
\begin{aligned}
y(n_d - m_d) = & -\sum_{i=-m_d-n_u}^{n_d-m_d-1} \gamma_{i+m_d+n_u} y(i) \\
& + \sum_{j=-m_d-n_u}^{0} K_{j+m_d+n_u} d(j) \\
& + \sum_{l=-m_d-n_u}^{q} \lambda_{l+m_d+n_u} u_f(l)
\end{aligned}
$$

代入初始条件和式(9-9) 得到

$$y(n_d - m_d) = K_{m_d+n_u} d(0)$$

一般来说，下式是成立的。

$$
\begin{aligned}
y(k) = & -\sum_{i=n_d-m_d}^{k-1} \gamma_{i+n_d+n_u-k} y(i) \\
& + \sum_{j=0}^{k-n_d+m_d} K_{j+n_d+n_u-k} d(j) \\
& (n_d - m_d \leqslant k < n_u - m_u)
\end{aligned}
\tag{9-10}
$$

③ 当 $k = n_u - m_u$ 时，式(9-8) 变为

$$
\begin{aligned}
y(n_u - m_u) = & -\sum_{i=-n_d-m_u}^{n_u-m_u-1} \gamma_{i+m_d+n_u} y(i) \\
& + \sum_{j=-n_d-m_u}^{-q} K_{j+n_d+m_u} d(j) \\
& + \sum_{l=-n_d-m_u}^{q} \lambda_{l+n_d+m_u} u_f(l)
\end{aligned}
$$

将初始条件、式(9-9) 和式(9-10) 代入，由上式得到

$$
\begin{aligned}
y(n_u - m_u) = & \sum_{j=-n_d-m_u}^{-q} K_{j+n_d+m_u} d(j) - \sum_{i=-n_d-m_u}^{n_u-m_u-1} \gamma_{i+m_d+n_u} y(i) \\
& + \lambda_{n_d+m_u} u_f(0)
\end{aligned}
$$

由上式可知，前馈控制信号 $u_f(k)(k \geqslant 0)$ 开始对输出信号 $y(k)$ 产生补偿作用，可通过令 $y(n_u - m_u) = 0$ 得到一个对 $u_f(0)$ 经过修正的前馈控制信号 $\tilde{u}_f(0)$，一般情况下，对于在 $n_u - m_u \leqslant k < 2n_u - m_u$ 处的输出响应 $y(k)$，可通过对式(9-6) 中的 $u_f(k)$ 进行修正得到 $\tilde{u}_f(k)$，而使其等于零。

167

$$\tilde{u}_f(k) = -\sum_{i=k-n_d-m_u}^{k+n_u-m_u-1} \frac{\gamma_{i+n_d+m_u-k} y(i)}{\lambda_{n_d+m_u}}$$

$$-\sum_{j=k-n_d-m_u}^{k-q} \frac{K_{j+n_d+m_u-k} d(j)}{\lambda_{n_d+m_u}}$$

$$-\sum_{l=k-n_d-m_u}^{k-1} \frac{\lambda_{l+n_d+m_u-k} u_f(l)}{\lambda_{n_d+m_u}}, 0 \leqslant k < n_u \quad (9\text{-}11)$$

④ 当 $k \geqslant 2n_u - m_u$ 时，式(9-8)变成

$$y(k) = -\sum_{i=k-n_d-n_u}^{k-1} \gamma_{i+n_d+n_u-k} y(i)$$

$$+\sum_{j=k-n_d-n_u}^{k-n_d-m_d} K_{j+n_d+n_u-k} d(j)$$

$$+\sum_{l=k-n_d-n_u}^{k-n_u-m_u} \lambda_{l+n_d+n_u-k} u_f(l)$$

由于在 $n_u - m_u \leqslant k < 2n_u - m_u$ 处的系统响应 $y(k) = y_u(k) + y_d(k)$ 已被式(9-11)中的 $\tilde{u}_f(k)$ 补偿为零，则 $k \geqslant n_u$ 时的前馈控制信号为

$$u_f(k) = -\sum_{j=-n_d-m_u}^{q} \frac{K_{j+n_d+m_u}}{\lambda_{n_d+m_u}} d(k+j)$$

$$-\sum_{l=-n_d-m_u}^{-1} \frac{\lambda_{l+n_d+m_u}}{\lambda_{n_d+m_u}} u_f(k+l)$$

上式实际上与式(9-6)是相同的，换句话说，扰动预测前馈控制（PFC）在 $k \geqslant n_u$ 时已变成通常的形式。

综上所述可知，干扰 $d(k)$ 当 $k \geqslant n_d - m_d$ 时会对输出响应 $y(k)$ 产生影响，而前馈控制信号 $u_f(k)$ 当 $k \geqslant n_u - m_u$ 时会对输出响应 $y(k)$ 产生调节补偿作用。因此，当 $q < 0$ 时，在这两个时间范围的中间范围内，即在 $n_d - m_d \leqslant k < n_u - m_u$ 时间范围内，任何控制都无法对扰动的输出响应起到调节补偿作用。而在 $n_u - m_u \leqslant k < 2n_u - m_u$ 时间范围内，则可通过使用式(9-11)中的 $\tilde{u}_f(k)$，以及在后续时间范围内通过式(9-6)中的 $u_f(k)$，实现对扰动的响应的完全补偿。

例 9.1 为了对上述的 $k=0$ 之前的缺失控制动作的补偿做出说明，考虑具有控制通道和干扰通道动态特性分别为

$$G_u(z) = \frac{0.09}{z^2 - 1.81z + 0.8187}, G_d(z) = \frac{0.9}{z - 0.9512} \quad (9\text{-}12)$$

的被控对象，采样时间 $T_s = 0.1s^{[22]}$。按上述方法设计扰动预测前馈控制器，并进行仿真研究。

由式(9-12) 可知，$n_u = 2$，$n_d = 1$，$m_u = 0$，$m_d = 0$。假设 $d(k+i)$，$i > 0$ 在 k 时刻可获得（这是不现实的，但为了能使之得以实现，将用下面9.3节提出的方法通过预测来获得），理想的前馈控制器由式(9-4) 得到，即

$$C_f(z) = -10z + \frac{8.588z - 8.187}{z - 0.9512} \tag{9-13}$$

式(9-13) 中，$q = -1$。这个控制器产生的控制信号从 $k = -1$ 开始，将对扰动给出零输出响应。但 $u(-1)$ 是不可能在 $k = 0$ 时起作用的。因此，在不进行误差补偿的情况下，按式(9-6) 的常规选择，给出的控制信号为

$$u_f(k) = \begin{cases} 0 & k < 0 \\ u_p(k) - 10d(k+1) & k \geq 0 \end{cases}$$

$k \geq 0$ 时，$u_f(k)$ 的详细表达式为

$$u_f(k) = -10d(k+1) + \frac{-8.588z + 8.187}{z - 0.9512}d(k) \tag{9-14}$$

由式(9-14) 可得

$u_f(0) = 8.588d(0) - 10d(1)$，$u_f(1) = -0.0181d(0) + 8.588d(1) - 10d(2)$，$\cdots$

对应的输出响应为

$$y(0) = 0, y(1) = 0.9d(0), y(2) = 1.81 \times 0.8d(0), \cdots$$

即图9.2中所示的点画线。注意，理想控制器中 $u(-1)$ 的缺失，会导致不期望的输出响应。事实上，这种控制误差通过系统动态加以传播，并且具有持久的影响，使非零的输出响应持续存在。另外，通过采用式(9-11) 中的误差补偿，可得到修正后的控制信号为

$$\begin{cases} \tilde{u}_f(0) = 9.512d(0) - 10d(1) \\ \tilde{u}_f(1) = -8.588 \times 0.9512d(0) - 8.588d(1) - 10d(2) \end{cases} \tag{9-15}$$

此时对应的输出响应为

$$y(0) = 0, y(1) = 0.9d(0), y(2) = 0, \cdots$$

即图9.2中所示的实线，即除 $k = 1$ 时外，其余时刻的输出响应皆为零。这是因为修正后的控制信号 $\tilde{u}_f(0)$ 和 $\tilde{u}_f(1)$ 能够抵消由 $u(-1)$ 的缺失而导致的非零输出响应。

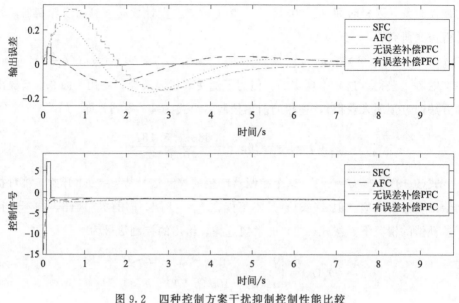

图 9.2　四种控制方案干扰抑制控制性能比较

为了使控制性能评价定量化，采用了式（9-16）给出的绝对误差积分，即

$$IAE = \sum_{k=0}^{n} |r(k) - y(k)| \qquad (9\text{-}16)$$

式（9-16）中，$r(k)$ 和 $y(k)$ 分别是 k 时刻参考输入和输出响应的值。采用具有误差补偿和没有误差补偿的扰动预测前馈控制器的 IAE 分别是 0.0213 和 0.7100。很明显，有误差补偿的扰动预测前馈控制器对扰动的输出响应，要比无误差补偿扰动预测前馈控制器对扰动的输出响应小得多。为了将本书所提出的控制器，与文献中可比较的性能较好的控制器进行对比，还针对例 9.1 中相同的控制对象，对静态前馈控制（SFC）方案和近似前馈控制（AFC）方案[16] 分别进行了仿真，其 IAE 分别为 0.5965 和 0.3490。从仿真结果可看出，采用误差补偿的扰动预测前馈控制器的 IAE，比静态前馈控制器的 IAE 减少了 96.43%，比近似前馈控制器的 IAE 减少了 93.90%。

9.3　扰动预测

前一节通过理论论证和仿真例子表明的预测前馈控制的显著性能改进是基于对未来扰动的信息获得的。虽然扰动 $d(k)$ 是可测量的，但在 k 时刻，它的未来

值 $\{d(k+i),i>0\}$ 是不可获得的。本书采用了两种常用的时间序列建模和预测方法对未来扰动信号进行预测，即多项式外推法和线性回归法。为了对这两种方法的预测性能进行测试，考虑了两种类型的干扰，即持续时间为 40s、占空比为 50% 的单元方波干扰和单元锯齿波干扰，并且在这些干扰信号上还叠加具有不同信噪比（NSR）的噪声信号。

9.3.1　多项式外推法

多项式外推法可以根据已有数据的先验知识来估计未来函数值，通常将最新的点拟合到一个多项式函数上，并利用它来估计已知数据结束后的未来点[23]。假设任意扰动用 p 阶多项式函数表示为

$$d(k)=\theta_0+\theta_1 k+\cdots+\theta_p k^p+\varepsilon, k\geqslant p+1 \tag{9-17}$$

式（9-17）中，ε 是模型误差，而模型的参数 $[\theta_0,\theta_1,\cdots,\theta_p]$ 可利用扰动信号数据 $[d(k-N+1),\cdots,d(k)](N\geqslant p+1)$，通过最小二乘法估计出来。于是可用下式对扰动信号进行预测，即

$$\hat{d}(k+i)=\hat{\theta}_0+\hat{\theta}_1(k+i)+\cdots+\hat{\theta}_p(k+i)^p, 1\leqslant i\leqslant -q$$

然而，当 $k\leqslant p$ 时，没有足够的数据点来构建式（9-17）中的多项式函数。为此，用最新的 $d(k)$ 作为其未来的预测，即

$$\hat{d}(k+i)=d(k), k\leqslant p, 1\leqslant i\leqslant -q \tag{9-18}$$

根据 Runge 现象，模型阶数 p 是一个重要参数，采用较高阶数的多项式并不总能提高外推的精度。此外，N 也是外推的另一个重要参数。N 取得越大，波动越小，但对扰动动态变化的反应越慢；而反之 N 取得越小，波动越大，但对扰动动态变化的反应越快。这些参数的选择将通过仿真研究进行。

在选择的外推扰动预测的情况下，在图 9.3 和图 9.4 中，将扰动预测前馈控制的性能分别与静态前馈控制和近似前馈控制的性能进行了比较。从图中可以看出，与图 9.2 相比，扰动预测前馈控制的性能明显下降，很明显这是由扰动的预测误差造成的。

9.3.2　线性回归方法

线性回归是另一种常用的时间序列建模和预测方法[24]。一种先进的输入选

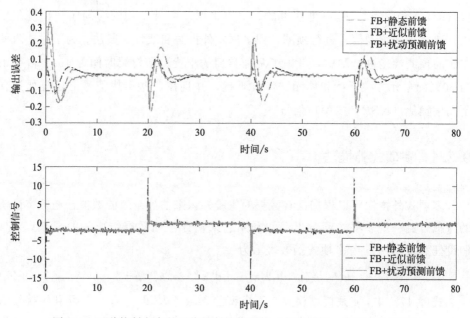

图 9.3　三种控制方案的干扰抑制性能比较（方波干扰，多项式外推法）

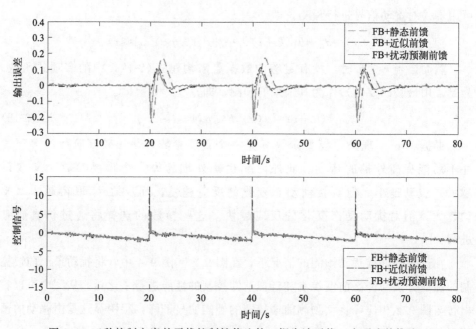

图 9.4　三种控制方案的干扰抑制性能比较（锯齿波干扰，多项式外推法）

择方法可以参考文献［25］。假定因变量 $Y = \{d(k)\}_{k=p+1}^{n}$ 与自变量 $X = \{d(k-1),\cdots,d(k-p)\}_{k=p+1}^{n}$ 之间的关系可用下式表示[26]，即

$$d(k) = \varphi_1 d(k-1) + \cdots + \varphi_1 d(k-l) + \varepsilon(k), k \geqslant l+1 \tag{9-19}$$

式(9-19) 中的模型参数 $\boldsymbol{\varphi}=[\varphi_1,\cdots,\varphi_l]^T$ 可由下式

$$\hat{\varphi}=(\boldsymbol{X}^T\boldsymbol{X})^{-1}\boldsymbol{X}^T\boldsymbol{Y}$$

估计出来,于是可用下式对扰动信号进行预测,即

$$\hat{d}(k+i)=\hat{\varphi}_1 d(k+i-1)+\cdots+\hat{\varphi}_1 d(k+i-l),1\leqslant i\leqslant -q$$

与上述的多项式外推法类似,当 $k\leqslant l$ 时,也同样面临缺乏数据点来建立线性回归模型式(9-19) 的问题,因此与式(9-18) 一样,此时也采用最新的扰动 $d(k)$ 作为其未来的预测。

在线性回归中,阶数 l 的选取对其建模和预测起着关键作用,因此也需要通过仿真研究来加以适当选择。在选择的回归干扰预测的情况下,在图 9.5 和图 9.6 中,将扰动预测前馈控制的性能分别与静态前馈控制和近似前馈控制进行了性能比较,从图中可以看出,与图 9.2 相比,由于预测误差的存在,其性能明显降低。因此,在实际应用中,需要更具鲁棒性的控制方案。

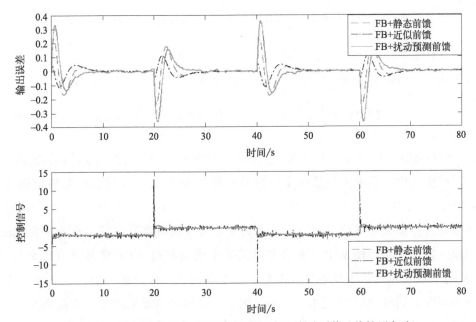

图 9.5 三种控制方案的干扰抑制性能比较(方波干扰,线性回归法)

9.3.3 模型参数的选取

由于模型阶数和用于参数估计的数据量对建模质量和预测精度有明显的影

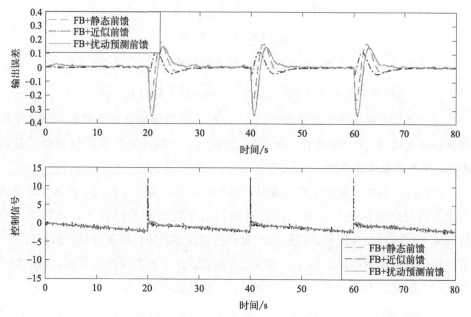

图 9.6 三种控制方案的干扰抑制性能比较（锯齿波干扰，线性回归法）

响，因此需要仔细选取。在仿真研究中，对选取的每组参数值的仿真运行 10 次，以排除因果因素的影响，其性能采用平均绝对相对误差[27] 评价，即

$$MAPE = \frac{1}{n} \sum_{i=1}^{n} \mid (d(k) - \hat{d}(k))/d(k) \mid \times 100\% \qquad (9\text{-}20)$$

式(9-20) 中，$d(k)$ 和 $\hat{d}(k)$ 分别是 k 时刻扰动的实测值和扰动的预测值。

在仿真中，多项式外推模型的阶数分别取为 0～3，而扰动信号的信噪比（NSR）分别为 0、0.001、0.01 和 0.1。如表 9.1 和表 9.2 所示，低阶（0，1）多项式外推模型比高阶（2，3）多项式外推模型预测效果更好，验证了 Runge 现象。在低阶外推模型中，零阶多项式外推模型在高 NSR 信号下表现良好，但在低 NSR 信号下表现不佳。因此，在本书的扰动预测中，采用一阶多项式外推模型。同时由于 N 越大，对低 NSR 干扰的预测效果越差，对高 NSR 干扰的预测效果越好。因此，最终采用 $N=4$ 进行多项式外推预测。表 9.3 对线性回归方法的扰动预测进行了研究，其中线性回归模型的阶数，分别取为 1～10。由于预测扰动的 $MAPE$ 随模型阶数的增加而减小，在 $l=3$ 后相关性变得很弱。考虑到预测的简洁性和准确性，扰动预测采用三阶线性回归模型。

表 9.1　采用多项式外推预测法时的 MAPE（方波干扰）

N	NSR=0				NSR=0.001				NSR=0.01				NSR=0.1			
	$p=0$	$p=1$	$p=2$	$p=3$	$p=0$	$p=1$	$p=2$	$p=3$	$p=0$	$p=1$	$p=2$	$p=3$	$p=0$	$p=1$	$p=2$	$p=3$
1	1.00%	—			5.93%	—			16.1%	—			43.0%	—		
2	1.38%	1.75%			5.63%	10.1%			14.3%	27.3%			37.6%	75.8%		
3	1.75%	1.75%	3.25%		5.73%	7.93%	18.3%		13.8%	20.7%	49.5%		36.1%	56.3%	135%	
4	2.13%	1.75%	2.88%	6.25%	5.98%	7.13%	12.8%	35.2%	13.8%	18.2%	33.4%	94.1%	35.3%	49.0%	89.6%	253%
5	2.50%	2.05%	2.65%	4.75%	6.25%	6.96%	10.6%	21.9%	13.9%	17.1%	26.9%	58.1%	34.8%	45.2%	71.4%	153%
6	2.88%	2.25%	2.80%	4.25%	6.55%	6.90%	9.65%	17.1%	14.1%	16.4%	23.7%	42.7%	34.5%	42.9%	62.1%	114%
7	3.25%	2.39%	2.82%	4.11%	6.87%	6.82%	9.06%	14.6%	14.4%	15.9%	21.8%	35.7%	34.4%	41.4%	56.8%	94.3%
8	3.63%	2.66%	2.82%	3.79%	7.20%	6.89%	8.58%	12.8%	14.6%	15.6%	20.5%	31.5%	34.4%	40.2%	53.2%	82.1%
9	4.00%	2.88%	2.93%	3.93%	7.53%	6.99%	8.35%	12.0%	14.8%	15.5%	19.5%	28.5%	34.4%	39.3%	50.1%	73.2%
10	4.38%	3.05%	3.13%	3.95%	7.86%	7.10%	8.24%	11.3%	15.1%	15.3%	18.8%	26.3%	34.5%	38.8%	48.0%	67.2%
11	4.75%	3.30%	3.30%	4.00%	8.21%	7.25%	8.22%	10.8%	15.4%	15.3%	18.3%	24.6%	34.6%	38.2%	46.3%	62.9%
12	5.13%	3.52%	3.49%	4.05%	8.56%	7.41%	8.19%	10.5%	15.7%	15.3%	17.9%	23.6%	34.7%	37.6%	44.8%	59.3%
13	5.50%	3.71%	3.63%	4.03%	8.91%	7.53%	8.22%	10.1%	16.0%	15.3%	17.7%	22.7%	34.9%	37.3%	43.9%	56.6%
14	5.88%	3.96%	3.77%	4.16%	9.26%	7.69%	8.23%	9.95%	16.2%	15.4%	17.4%	21.9%	35.1%	37.1%	43.0%	54.8%
15	6.25%	4.18%	3.92%	4.22%	9.61%	7.87%	8.26%	9.77%	16.5%	15.5%	17.3%	21.2%	35.3%	36.9%	42.2%	52.8%
16	6.63%	4.38%	4.06%	4.30%	9.96%	8.05%	8.31%	9.68%	16.8%	15.6%	17.1%	20.8%	35.4%	36.6%	41.5%	51.2%
17	7.00%	4.62%	4.26%	4.46%	10.3%	8.24%	8.43%	9.63%	17.1%	15.7%	17.1%	20.4%	35.6%	36.5%	41.0%	50.0%
18	7.38%	4.84%	4.45%	4.58%	10.7%	8.41%	8.54%	9.63%	17.4%	15.8%	17.1%	20.0%	35.8%	36.4%	40.7%	48.7%
19	7.75%	5.04%	4.61%	4.77%	11.0%	8.61%	8.64%	9.66%	17.7%	15.9%	17.0%	19.7%	36.0%	36.3%	40.3%	47.8%
20	8.13%	5.28%	4.78%	4.90%	11.4%	8.80%	8.74%	9.69%	18.1%	16.0%	16.9%	19.5%	36.2%	36.2%	39.9%	46.7%

表 9.2　采用多项式外推预测法时的 MAPE（锯齿波干扰）

N	NSR=0				NSR=0.001				NSR=0.01				NSR=0.1			
	$p=0$	$p=1$	$p=2$	$p=3$	$p=0$	$p=1$	$p=2$	$p=3$	$p=0$	$p=1$	$p=2$	$p=3$	$p=0$	$p=1$	$p=2$	$p=3$
1	2.00%	—	—	—	5.16%	—	—	—	13.7%	—	—	—	40.6%	—	—	—
2	2.86%	1.76%	—	—	5.11%	8.86%	—	—	12.4%	24.2%	—	—	35.6%	70.5%	—	—
3	3.72%	1.76%	3.27%	—	5.43%	6.99%	16.2%	—	12.3%	18.4%	44.4%	—	33.9%	52.9%	127%	—
4	4.56%	1.76%	2.89%	6.29%	5.89%	6.27%	11.4%	30.0%	12.4%	16.3%	29.7%	82.9%	33.3%	45.5%	83.4%	239%
5	5.40%	2.07%	2.67%	4.78%	6.41%	6.21%	9.52%	19.1%	12.7%	15.2%	24.0%	50.0%	33.0%	42.3%	67.6%	143%
6	6.22%	2.27%	2.82%	4.28%	7.00%	6.18%	8.69%	14.9%	12.9%	14.7%	21.1%	38.0%	32.8%	40.3%	58.9%	107%
7	7.04%	2.41%	2.84%	4.14%	7.64%	6.16%	8.14%	12.8%	13.2%	14.2%	19.3%	31.5%	32.8%	38.7%	53.4%	88.4%
8	7.85%	2.68%	2.84%	3.81%	8.31%	6.28%	7.76%	11.2%	13.6%	14.0%	18.1%	27.7%	32.8%	37.9%	49.6%	76.9%
9	8.65%	2.90%	2.95%	3.96%	9.00%	6.38%	7.55%	10.6%	14.0%	13.9%	17.3%	25.1%	33.0%	37.3%	47.0%	68.4%
10	9.45%	3.08%	3.15%	3.98%	9.72%	6.48%	7.49%	10.0%	14.4%	13.9%	16.8%	23.3%	33.1%	36.7%	45.3%	63.3%
11	10.2%	3.33%	3.32%	4.03%	10.4%	6.67%	7.48%	9.63%	14.9%	13.8%	16.5%	21.9%	33.3%	36.2%	43.8%	59.3%
12	11.0%	3.55%	3.52%	4.09%	11.2%	6.81%	7.54%	9.36%	15.3%	13.8%	16.2%	20.7%	33.4%	35.8%	42.5%	56.1%
13	11.8%	3.75%	3.66%	4.06%	11.9%	6.97%	7.53%	9.08%	15.8%	13.9%	15.9%	19.9%	33.6%	35.6%	41.4%	53.2%
14	12.5%	4.00%	3.80%	4.19%	12.6%	7.15%	7.56%	8.92%	16.3%	14.0%	15.8%	19.4%	33.8%	35.3%	40.5%	50.9%
15	13.3%	4.22%	3.95%	4.25%	13.4%	7.35%	7.60%	8.82%	16.8%	14.1%	15.6%	18.9%	34.0%	35.2%	39.8%	49.2%
16	14.0%	4.42%	4.10%	4.35%	14.1%	7.51%	7.68%	8.76%	17.3%	14.2%	15.5%	18.4%	34.2%	35.1%	39.3%	47.9%
17	14.7%	4.66%	4.31%	4.51%	14.8%	7.72%	7.76%	8.78%	17.8%	14.3%	15.5%	18.1%	34.4%	35.0%	38.9%	46.8%
18	15.5%	4.88%	4.50%	4.62%	15.5%	7.89%	7.95%	8.79%	18.3%	14.5%	15.4%	17.9%	34.7%	34.9%	38.4%	45.7%
19	16.2%	5.09%	4.65%	4.82%	16.3%	8.08%	8.06%	8.85%	18.8%	14.6%	15.4%	17.7%	34.9%	34.9%	38.1%	44.8%
20	16.9%	5.33%	4.83%	4.95%	17.0%	8.29%	8.19%	8.88%	19.3%	14.8%	15.4%	17.6%	35.2%	34.8%	37.9%	44.1%

表 9.3　采用线性回归预测法时的 *MAPE*

l	方波干扰				锯齿波干扰			
	$NSR=0$	$NSR=0.001$	$NSR=0.01$	$NSR=0.1$	$NSR=0$	$NSR=0.001$	$NSR=0.01$	$NSR=0.1$
1	1.5%	6.00%	15.9%	41.8%	2.74%	5.38%	14.0%	39.7%
2	1.5%	5.83%	14.4%	37.3%	2.74%	5.27%	12.8%	35.4%
3	1.5%	5.84%	14.0%	35.6%	2.74%	5.27%	12.6%	33.8%
4	1.5%	5.84%	13.9%	34.9%	2.74%	5.28%	12.5%	33.2%
5	1.5%	5.85%	13.9%	34.4%	2.74%	5.28%	12.6%	32.9%
6	1.5%	5.86%	14.0%	34.2%	2.74%	5.29%	12.6%	32.8%
7	1.5%	5.86%	14.0%	34.1%	2.74%	5.30%	12.6%	32.7%
8	1.5%	5.86%	14.1%	34.0%	2.74%	5.31%	12.7%	32.6%
9	1.5%	5.86%	14.2%	34.0%	2.74%	5.31%	12.7%	32.7%
10	1.5%	5.87%	14.2%	34.1%	2.74%	5.32%	12.8%	32.7%

9.4　预测误差的补偿

在扰动预测前馈控制方案中，预测误差会影响其性能。为了解决这个问题，应该提出一种补偿机制来补偿这些预测误差。在式(9-6)中用 k 时刻扰动预测值 $\hat{d}(k+i)$ 代替 $d(k+i)$ 时，给出的可实现的前馈控制信号为

$$\hat{u}_{\mathrm{f}}(k) = \sum_{i=1}^{-q} c_i \hat{d}(k+i) + u_{\mathrm{p}}(k), \quad k \geqslant 0 \tag{9-21}$$

会导致控制信号误差为

$$u_e(k) = \sum_{i=1}^{-q} c_i e(k+i), \quad k \geqslant 0 \tag{9-22}$$

在式(9-22)中，

$$e(k+i) = d(k+i) - \hat{d}(k+i)$$

此误差会导致输出响应偏离采用式(9-6)获得的输出响应，造成的差异如图 9.3～图 9.6 所示。由这些图可以看出，扰动预测误差极大地降低了控制性能。

对于具有延迟的单位脉冲函数

$$x(t-k) = \begin{cases} 0, & t \neq k \\ 1, & t = k \end{cases}$$

它的 z 变换为 $X(z) = z^{-k}$。将式(9-22) 中的误差视为一个具有延迟的脉冲序列，其 z 域输出响应可由下式给出，即

$$Y_{u_e}(z) = G_u \left[\sum_{i=1}^{-q} c_i \varepsilon(k+i) \right] z^{-k}$$

在下一个时刻 $k+1$，当新的测量值 $d(k-1)$ 到达控制器时，$\varepsilon(k+1)$ 可用。

注意到 $\varepsilon(k+1)$ 出现在 $c_1(k+1)z^{-k}$，$c_2\varepsilon(k+1)z^{-(k-1)}$，$\cdots$，$c_{-q}\varepsilon(k+1)z^{-(k+q-1)}$，总共 $-q$ 项。对其和的总输出响应为

$$Y_{u_e}^{k+1}(z) = G_u(z) \sum_{i=1}^{-q} c_i \varepsilon(k+1) z^{-(k+1-i)}$$

这是与式(9-6) 给出的控制量相比 $\hat{u}_f(k)$ 到 k 时刻未能提供的输出，我们试图通过一个新的机制来补偿它。假设用于这种补偿的控制量为 $\overline{u}_f^{k+1}(k+j)$，它能在 n 步内消除上述的误差，它产生的输出响应为

$$Y_{ii_f}^{k+1}(z) = G_u(z) \sum_{j=1}^{n} \overline{u}_f^{k+1}(k+j) z^{-(k+j)}$$

由于预测误差 $\varepsilon(k+1)$ 从 $k-m_u+q+1$ 开始影响输出，而用于补偿的控制量 $\overline{u}_f^{k+1}(k+j)$ $(1 \leqslant j \leqslant n)$ 只能在时刻 $k-m_u+1$ 之后才影响输出，因此，在这两个时刻之间，即范围为

$$k-m_u+q+1 \leqslant i \leqslant k-m_u+1$$

内的输出误差就如同式(9-10) 中的情况一样，不能通过任何控制来加以补偿。

当把式(9-1) 写成 $G_u(z) = N_u(z)/D_u(z)$ 的表达形式时，对预测误差和补偿控制的综合响应为

$$Y_o^{k+1}(z) = \sum_{i=1}^{-q} c_i \varepsilon(k+1) z^{-(k+1-i)} N_u(z)/D_u(z) +$$

$$\sum_{j=1}^{n} \tilde{u}_f^{k+1}(k+j) z^{-(k+j)} N_u(z)/D_u(z)$$

$$= [c_{-q}\varepsilon(k+1)z^{n-q-1} + \cdots + c_1\varepsilon(k+1)z^n +$$

$$\overline{u}_f^{k+1}(k+1)z^{n-1} + \cdots + \overline{u}_f^{k+1}(k+n)] N_u(z) z^{-(k+n)}/D_u(z)$$

$$= P(z)N_u(z)z^{-(k+n)}/D_u(z) \qquad (9\text{-}23)$$

式(9-23) 中，

$$P(z) = c_{-q}\varepsilon(k+1)z^{n-q-1} + \cdots + c_1\varepsilon(k+1)z^n + \bar{u}_{\mathrm{f}}^{k+1}(k+1)z^{n-1} + \cdots$$
$$+ \bar{u}_{\mathrm{f}}^{k+1}(k+n)$$

若选取 $\bar{u}_{\mathrm{f}}^{k+1}(k+i)$ $(1 \leqslant i \leqslant n)$ 使得下式

$$P(z) = H(z)D_u(z) \qquad (9\text{-}24)$$

成立，则式(9-23) 就可变为

$$Y_{\mathrm{o}}^{k+1}(z) = H(z)N_u(z)z^{-(k+n)} \qquad (9\text{-}25)$$

式(9-24) 中，

$$H(z) = \sum_{i=1}^{-q} h_i z^{-q-i}$$

式(9-25) 是有限多项式并给出有限时间响应。若 $n \geqslant n_u$，则式(9-24) 中的多项式方程有解。人们更喜欢取最简单的 $n = n_u$ 的情况。此时，令式(9-24) 两端从 z^{n_u-q-1} 到 z^{n_u} 同幂次项的系数相等，则有

$$\sum_{i=1}^{-q-j} h_i a_{n_u+q-1+i+j} + h_{-q+1-j} = c_j\varepsilon(k+1), \quad 1 \leqslant j \leqslant -q \qquad (9\text{-}26)$$

由此式，h_1，$\cdots$，h_{-q} 可以很容易地计算出来。而令式(9-24) 两端从 z^{n_u-1} 到 z^0 同幂次项的系数相等，则有

$$\bar{u}_{\mathrm{f}}^{k+1}(k+i) = \sum_{j=\max(1,i-n_u-q)}^{-q} h_j a_{n_u+q-i+j}, \quad 1 \leqslant i \leqslant n_u \qquad (9\text{-}27)$$

为了清楚地说明上述的补偿机制，下面给出一个实例，该实例的控制通道和扰动通道的动态特性假设分别为

$$G_u(z) = \frac{K_u}{z^2+a_1z+a_0}, \quad G_d(z) = \frac{K_d}{z+a_0}$$

由上面的表达式可知 $n_u = 2$ 且 $q = -1$。其理想前馈控制器为

$$C_{\mathrm{f}}(z) = -\frac{K_d}{K_u}z - \frac{K_d}{K_u} \times \frac{(a_1-a_0)z+a_0}{z+a_0}$$

由预测误差引起的 k 时刻的控制误差为

$$u_e(k) = (K_d/K_u)\varepsilon(k+1)$$

它的输出响应为

$$Y_{u_e}^{k+1}(z)=G_u(z)(K_d/K_u)\varepsilon(k+1)z^{-k}$$

而对补偿控制的输出响应为

$$Y_{u_f}^{k+1}(z)=G_u(z)\overline{u}_f^{k+1}(k+1)z^{-(k+1)}$$
$$+G_u(z)\overline{u}_f^{k+1}(k+2)z^{-(k+2)}$$

于是有

$$P(z)=(K_d/K_u)\varepsilon(k+1)z^2+\overline{u}_f^{k+1}(k+1)z+\overline{u}_f^{k+1}(k+2),H(z)=h_1$$

根据式(9-24) 可得

$$(K_d/K_u)\varepsilon(k+1)z^2+\overline{u}_f^{k+1}(k+1)z+\overline{u}_f^{k+1}(k+2)=h_1(z^2+a_1z+a_0)$$

$$(9\text{-}28)$$

令式(9-28) 两端含 z^2 项的系数相等，可得

$$h_1=K_d/K_u\varepsilon(k+1)$$

令式(9-28) 两端含 z^1 项和 z^0 项的系数分别相等，可得

$$\begin{cases}\overline{u}_f^{k+1}(k+1)=-(K_d/K_u)a_1\varepsilon(k+1)\\\overline{u}_f^{k+1}(k+2)=-(K_d/K_u)a_0\varepsilon(k+1)\end{cases}$$

采用上述补偿控制，式(9-25) 中的输出响应变为

$$Y_o^{k+1}(z)=K_d\varepsilon(k+1)z^{-(k+2)}$$

注意，上述的补偿机制是针对开环系统给出的。当反馈控制器工作时，需要用闭环传递函数代替开环传递函数来计算用于补偿的控制量。尽管对两种情况来说式(9-4) 中理想前馈控制器是相同的，但两种情况下用于补偿的控制量是互不相同的。

9.5 带扰动预测的性能增强前馈控制

将9.2节中的PFC用9.4节中的补偿机制进行性能增强，定义为性能增强的PFC

$$u_f(k)=u_p(k)+\sum_{i=1}^{-q}c_i\hat{d}(k+i)+\sum_{j=0}^{n_u-1}\overline{u}_f^{k-j}(k) \tag{9-29}$$

式（9-29）中等号右端的第一项由式（9-4）中的正则部分获得，通过利用直到 $d(k)$ 的扰动信号测量值进行计算；而式（9-29）中等号右端的第二项则利用扰动信号的预测值 $\hat{d}(k+i)(1 \leqslant i \leqslant -q)$ 进行计算；式（9-29）中等号右端的最后一项则是用来对预测误差 $\varepsilon(k+i)(1-n_u \leqslant i \leqslant 0)$ 进行补偿的控制量项。

注意，$H(z)$ 影响式（9-25）中的输出响应，它由式（9-26）计算获得的系数线性依赖于预测误差。因此，输出误差与扰动预测误差呈正相关，即预测误差越小，产生的输出误差也越小，而零预测误差则意味着零输出误差。因此，在扰动预测精度较高的情况下，增强的 PFC 保证了高的前馈控制性能。

注意，通过参考文献［28］给出的稳定性理论可以很容易地证明：如果反馈控制器 $C_b(z)$ 使 $G_u(z)$ 内稳定，且 $C_f(z)$ 和 $G_d(z)$ 都是稳定的，则采用由式（9-29）给定的 $u_f(k)$，获得的图 9.1 中的整个系统也是内稳定的。

针对上述的例 9.1，对增强的 PFC 进行了仿真，并以 IAE 作为性能度量，与采用 SFC 和 AFC 时的控制性能进行了比较。此外，为了对采用各种控制算法所施加控制量的大小进行评价，采用控制量绝对值平方积分指标，即

$$ISU = \sum_{k=0}^{n} |u(k)|^2$$

作为控制强度/能量的度量，其中 $u(k)$ 为 k 时刻的控制信号。首先考虑非周期扰动。这种扰动一般可以作为动态系统的阶跃响应而产生。因此，我们假设

$$D(s) = \frac{16}{s^2 + 3.2s + 16} \times \frac{1}{s}$$

上式中涉及的欠阻尼振荡系统的参数为 $\zeta = 0.4$，$\omega = 4$。当干扰为无噪声时，在增强的 PFC、AFC 和 SFC 的控制作用下，采用两种扰动预测方法时的扰动、输出误差和控制信号的瞬态变化曲线分别如图 9.7 和图 9.8 所示，其中图 9.7 对应采用外推法预测时的情况，图 9.8 对应采用线性回归预测时的情况。当干扰被不同噪声水平污染时，与上述干扰为无噪声时相似的仿真重复进行，各种情况下的性能指标计算结果，分别显示在表 9.4 中。从表中可看到，采用增强的 PFC 前馈控制总是能获得最好的输出性能，而获得这种性能，是以在初始瞬态控制过程中采用更大的控制量为代价的。通常情况下，为了获得更好的干扰抑制性能，则需要施加更大的控制量。

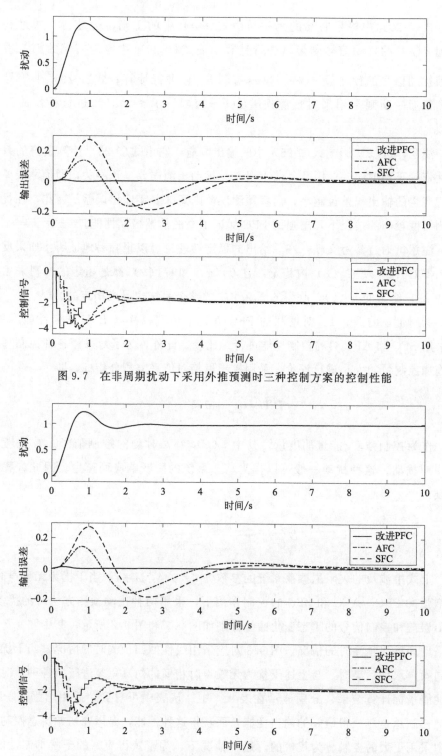

图 9.7　在非周期扰动下采用外推预测时三种控制方案的控制性能

图 9.8　在非周期扰动下采用线性回归预测时三种控制方案的控制性能

表 9.4　在非周期扰动下三种控制方案的控制性能指标比较

项目	外推预测						线性回归预测					
	无噪声		$SNR=35$		$SNR=20$		无噪声		$SNR=35$		$SNR=20$	
	IAE	*ISU*	*IAE*	*ISU*	*IAE*	*ISU*	*IAE*	*ISU*	*IAE*	*ISU*	*IAE*	*ISU*
SFC	0.63	39.9	0.63	40.1	0.65	39.7	0.64	40.0	0.63	39.9	0.68	40.5
AFC	0.47	40.2	0.46	40.4	0.47	40.3	0.47	40.2	0.47	40.1	0.47	41.7
改进PFC	0.01	38.4	0.03	54.7	0.08	166	0.01	38.1	0.03	47.3	0.11	203

注意，使用 *ISU* 作为控制强度/能量的度量指标，就会在大的控制信号上惩罚更多。如果用控制量绝对值积分（IAE）指标来评价控制强度，在信噪比为 20 的最坏情况下，增强 PFC 的控制强度为 32.2，AFC 的控制强度为 19.7，SFC 的控制强度为 19.5。

然后，考虑周期性扰动。假设有一个单位三角波，令

$$d(t)=2\arcsin|\sin[0.05\pi(t-1)]|/\pi-0.2$$

其一个周期的波形如图 9.9(a) 所示。采用两种扰动预测方法时，在增强 PFC、AFC 和 SFC 的控制作用下的时域的控制和输出响应曲线，分别如图 9.9(b)（c）和图 9.10 所示，其中图 9.9 对应采用线性外推法预测时的情况，图 9.10 对应采用线性回归预测时的情况。

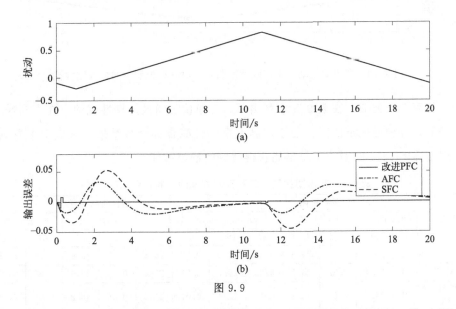

图 9.9

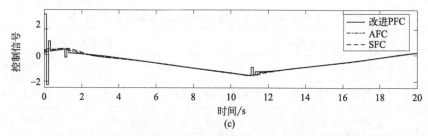

图 9.9　在周期扰动下采用外推预测时三种控制方案的控制性能

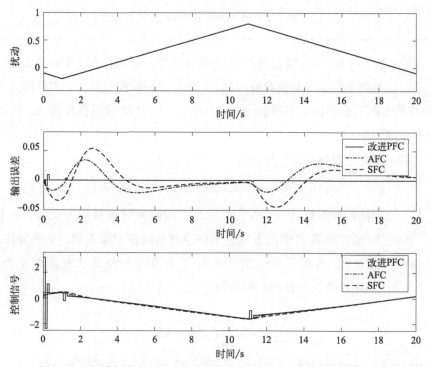

图 9.10　在周期扰动下采用线性回归预测时三种控制方案的控制性能

与表 9.4 类似，在表 9.5 中列出了针对单位三角波周期性扰动，在不同噪声水平下，各种情况下的三种前馈控制方案的性能指标计算结果，从表中可看到，采用增强的 PFC 前馈控制总是能获得最好的输出性能。

表 9.5　在周期扰动下三种控制方案的控制性能指标比较

项目	外推预测						线性回归预测					
	无噪声		$SNR=35$		$SNR=20$		无噪声		$SNR=35$		$SNR=20$	
	IAE	ISU	IAE	ISU	IAE	ISU	IAE	ISU	IAE	ISU	IAE	ISU
SFC	0.22	25.8	0.22	25.8	0.24	25.9	0.22	25.8	0.22	25.9	0.23	25.8
AFC	0.21	25.4	0.22	25.5	0.23	25.7	0.21	25.4	0.21	25.6	0.22	25.7
改进 PFC	0.01	24.1	0.04	35.4	0.12	75.4	0.01	24.0	0.03	46.2	0.08	72.7

9.6 实例验证

如图 9.11 所示的同步带执行机构是 3D 打印机的一部分。因为快速和精确的运动控制是必需的，因此这种执行机构是一个常用的试验平台。在文献［14］和［29］中，对同步带执行机构动态建模和控制进行了研究。本书采用这些文献建立的模型进行控制设计，并在与其相同的系统上实现本书提出的控制方案。在本节中，将描述这些文献建立的模型、本书的控制设计和实现细节，以及与它们的控制效果的比较。

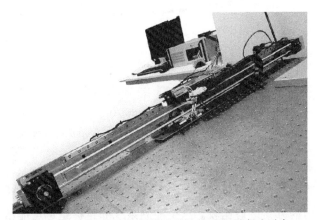

图 9.11 同步带执行机构及其计算机控制实验平台

试验平台安装了三菱公司配备的驱动程序实用软件，该软件可以自动生成并向系统施加正弦信号，采集输出响应，然后计算出系统频率响应的幅值和相位。针对该试验平台，在各种频率下重复进行实验，得到了系统的频率响应特性曲线，如图 9.12 所示。从领域知识和 Bode 图分析可知，该系统的动态行为可由一个刚体模态和两个柔体模态表征[14]，可以用下列形式的传递函数表示为

$$G_u(s) = \frac{1}{m_t s(s+b)} + \sum_{i=1}^{2} \frac{k_i}{m_t(s^2 + 2\zeta_i\omega_i s + \omega_i^2)} \tag{9-30}$$

式中，m_t 为系统的质量，b 为刚体的阻尼频率，k_i、ω_i 和 ξ_i 分别为第 i 个（柔体）的模型增益、频率和阻尼比。将之前得到的实验频率响应数据与式(9-30) 的模型进行拟合，得到了模型参数[14]：$m_t = 0.0133$，$b = 8$，$N = 2$，$k_1 = 3.325$，$k_2 = 0.665$，$\xi_1 = 0.08$，$\xi_2 = 0.01$，$\omega_1 = 971.3176$，$\omega_2 = 9458.3$。

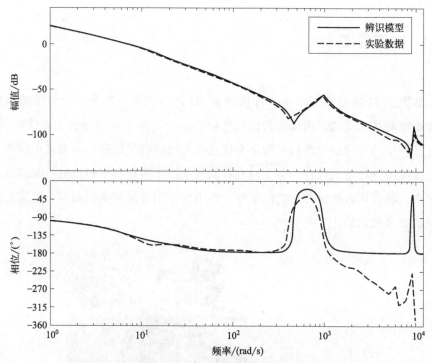

图 9.12 同步带执行机构及其模型的频率响应特性曲线

这个模型将用来进行控制器的设计。

　　针对该试验平台，已经研发了各种控制方案[29]。这些方案将在下面进行描述并与本书给出的方案进行比较。这个控制系统的目标是尽可能精确地跟踪一个实时变化的位置参考值。为获得更好的控制性能，采用了二自由度控制结构。设计了以下形式的反馈控制器[30]，即

$$C_b(s) = K_p + K_d \frac{s}{1+\tau_b s}$$

　　上式中，控制器的参数整定为：$K_p = 10$，$K_d = 3$，$\tau_b = 0.01$。由于柔体模态中不可避免地存在不确定性，因此前馈控制器一般是基于刚体模态进行设计的，并基于模型的逆

$$C_f(s) = 0.0133s^2 + 0.1064s \tag{9-31}$$

得出，然而，这样设计的前馈控制器是非正则的。在文献［14］中，实现式(9-31) 中的 $C_f(s)$ 的一个方案是采用惯性前馈控制（IFC），方案中参考输入信号的导数是用参考输入信号最近几步的值，通过在线数值计算获得的。另一种实现式(9-31) 的方法是使用适当的近似，在文献［31］中是做一个简单的选择，

将式(9-31) 与低通滤波器串联,从而形成具有低通滤波的前馈控制 (LFC),即

$$C_{lf}(s) = (0.0133s^2 + 0.1064s)/(\tau_f s + 1)^2 \qquad (9-32)$$

式中,τ_f 经过优化整定为 0.02。上述控制器均在离散时间域内实现,采样时间选为 $T_s = 0.001$。

下面设计本书提出的控制方案。将式(9-30) 中 $G_u(s)$ 的第一项的刚体部分模型在上述的相同采样时间下离散化,得到如式(9-33) 所示形式的理想前馈控制器,即

$$C_{pf}(z) = 26760z - 26760 \times (2.992z - 0.992)/(z+1) \qquad (9-33)$$

增强后的 PFC 可由式(9-29) 得到。它的第一项和第二项可根据式(9-33) 通过简单计算获得。其最后一项由式(9-26) 和式(9-27) 可得,即

$$\begin{cases} \overline{u}_f^{k+1}(k+1) = 26760 \times 1.992\varepsilon(k+1) \\ \overline{u}_f^{k+1}(k+2) = -26760 \times 0.992\varepsilon(k+1) \end{cases}$$

首先,对上述的三种控制方案进行仿真:每种方案都应用式(9-30) 中的模型。得到的输出响应曲线如图 9.13 所示,仿真结果表明增强的 PFC 和 IFC 比 LFC 的控

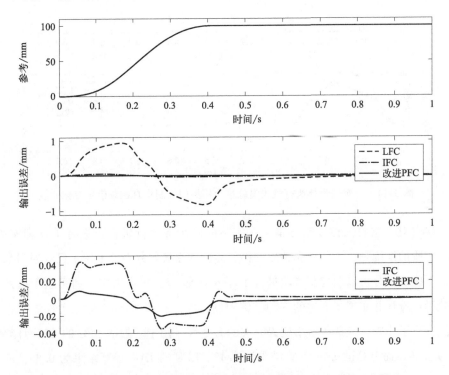

图 9.13 针对同步带执行机构实验平台模型的控制仿真输出响应曲线

制性能好得多。由于输出误差太小，无法在用大比例尺制作的响应曲线图中看到前两者的差异，因此提供了第三张图来显示放大后的视图，在这张图中可以看出，增强的 PFC 的输出误差比 IFC 小得多。对于增强的 PFC，IAE 计算结果为 4.99×10^{-3}；对于 IFC，IAE 计算结果为 11.93×10^{-3}。三种控制方案的控制信号变化曲线如图 9.14 所示，分别显示前馈控制、反馈控制和总控制信号变化曲线。由图可看出，良好的前馈控制减少了输出误差，这反过来减轻了反馈控制的任务，并可以施加较小的控制作用。对于增强的 PFC，总控制信号的 ISU 计算为 831；对于 IFC，总控制信号的 ISU 计算为 834；对于 LFC，总控制信号的 ISU 计算为 891。

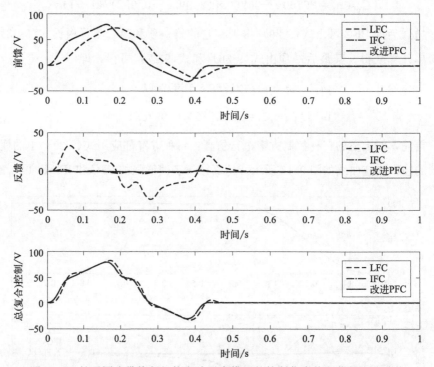

图 9.14　针对同步带执行机构实验平台模型的控制仿真控制信号变化曲线

接着对上述的三种控制方案，在实际的同步带执行机构上进行了物理实验。用于实验的系统是一个包括完备软硬件可运行的系统，并在此系统上已经对对象模型的不确定性分析以及控制方法进行了深入研究[14]。在本书中，利用这个成熟的实验平台设计并实现了上述的三种前馈控制方案。在图 9.15 中对三种控制方案的性能进行了比较，验证了本书所提方案的有效性。图中增强的 PFC 的 IAE 计算结果为 0.36，而 IFC 的 IAE 计算结果为 0.49，LFC 的 IAE 计算结果为 0.69。三种控制方案的控制信号变化曲线与上述仿真情况的相似，因此在本书中略去。

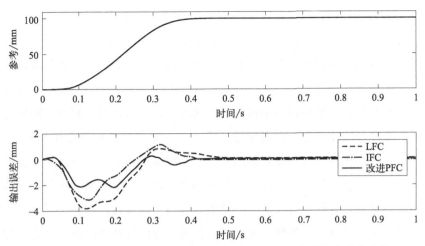

图 9.15　针对同步带执行机构实验平台的控制物理实验输出响应曲线

9.7　溶液除湿器的过程控制方案设计与仿真

9.7.1　概述

本节重点讨论溶液除湿器（LDD）的过程控制方案设计与仿真，并提出了一种反馈与前馈相结合的控制方案来实现其控制目标。由于系统的非线性和有限工作点，为了应用成熟的线性控制技术，采用增益调度方法应对系统的非线性的影响。在每个工作点，LDD首先通过输出反馈解耦控制器解耦，然后通过经典控制技术进行调节。

由于冷却器和除湿器是串联的，所以反馈控制可以分解为两个回路以实现控制功能，其中外回路针对除湿器计算所需的除湿溶液的温度和流量的设定值，而内回路通过冷却器的调节实现对其进行跟踪。此外，为了获得快速的控制性能，控制方案中应用了扰动预测前馈控制。

9.7.2　系统控制分析

空气除湿是新加坡等潮湿地区空调的常规处理过程，有助于提高居住者的热舒适性和改善室内空气质量。暖通空调系统自20世纪初开始应用于建筑系统中。但其制冷式除湿在空气过冷和再热过程中浪费了大量的能量。溶液除湿系统

（LDDS）作为一种替代方法，在过去的二十年中兴起，其基于化学的除湿技术
以其具有节能、环保、控制灵活等优点，而受到人们的欢迎。

图 9.16 所示为一种典型的 LDDS，该系统能够在对过程空气除湿处理的同
时，对干燥剂溶液进行再生。除湿器利用除湿溶液干燥潮湿的过程空气的同时，
需要再生器不断地浓缩用过的稀释的干燥剂溶液，来保证对过程空气除湿的连续
性。由于干燥剂的除湿能力对温度很敏感，所以除湿器总是与冷却器一起工作，
而再生器则与加热器一起工作，以调节干燥剂的温度。然而，干燥剂反复加热和
冷却也浪费了大量的能量。实际上，干燥剂溶液浓度的缓慢变化使得连续的干燥
剂循环毫无意义。因此在所开发的溶液除湿设备中，除湿器和再生器是互相独立
工作的，只有当除湿所需的除湿液浓度过低时，除湿器和再生器才会进行除湿液
的交换。由于空气除湿与除湿溶液再生两种过程是可逆过程，所以它们遵循相同
的物理原理，第四章中的动态建模只针对溶液除湿器（LDD）给出了建模研究
结果。同样，本节的控制设计也将只针对溶液除湿器（LDD）进行。

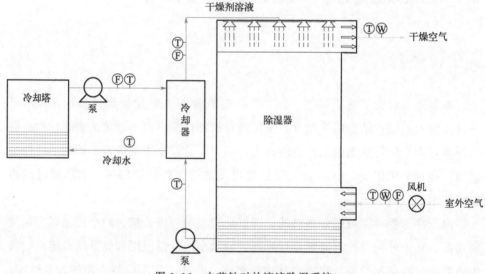

图 9.16　本节针对的溶液除湿系统

如图 9.16 所示，溶液除湿器（LDD）由冷却器和除湿器组成。在其中，干
燥剂溶液首先被冷却器中的冷冻水冷却，然后流入用于空气除湿的除湿器。冷冻
水的流量是通过安装在其流过的管道上的数字球阀进行调节的，而干燥剂和过程
空气的流量则分别由安装在泵和风机上的变速驱动电机（VSD）来加以调节。

对于本书所研发设备的变速驱动电机（VSD）的频率范围为 0～50Hz，最多
可向除湿器提供约 36.5L/min 的干燥剂和 17m³/min 的过程空气。数字球阀阀门

开度在 0～1 变化，最多可提供 60L/min 左右的冷冻水。采用氯化锂水溶液作为干燥剂溶液，其浓度建议在 [25％，35％] 变化[32]，在本研究中设置为 30％。

　　实验表明，冷冻水和干燥剂溶液的入口温度分别保持在 7℃和 25℃左右，几乎不变。在上述实验条件下，LDD 对控制输入和可测扰动的响应的仿真曲线如图 9.17 所示。

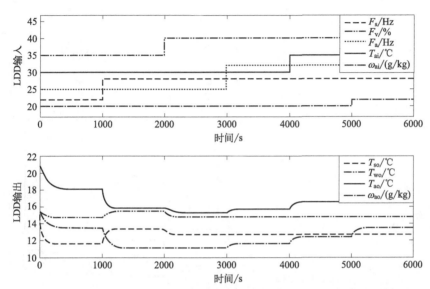

图 9.17　溶液除湿器（LDD）对各种控制输入和可测扰动的阶跃响应的仿真曲线

　　为了对系统进行监控，在其上安装了传感器进行实时检测。对于除湿器，通过安装的 EE21（PT1000 和 HC1000）温湿度测量变送器，分别测量过程空气在其入口和出口的流体温度（T_{ai}，T_{ao}）以及湿度（ω_{ai}，ω_{ao}）；干燥剂溶液和水的流量（$\dot{V}_s$，$\dot{V}_w$）都用电磁流量计测量，过程空气流量 $\dot{V}_a$ 用气体流量计测量。除此之外，在冷却器端口上安装了 4 个 PT100 温度变送器，用于分别测量干燥剂溶液以及冷冻水在冷却器入口和出口的流体温度（T_{si}，T_{so}，T_{wi}，T_{wo}）；至于干燥剂溶液的浓度，其初始值可由要求温度下的密度值 ρ_s 换算出来，而其实时变化值可通过测量储罐中除湿溶液的液位高度值 H_s 计算出来。这些测量变送器的安装位置参见图 9.16，其主要技术规格参数见表 4.1。

　　溶液除湿系统（LDDS）是楼宇控制系统的一个子系统，它的任务是根据主控制器提供的参考输入来调节过程空气的温度、湿度和流量。

　　正如图 9.18 中所显示的，冷却器可视为除湿器的热力执行器。因此可将溶液除湿器 LDD 分为冷却回路和除湿回路，通过串级反馈控制方案进行调节。

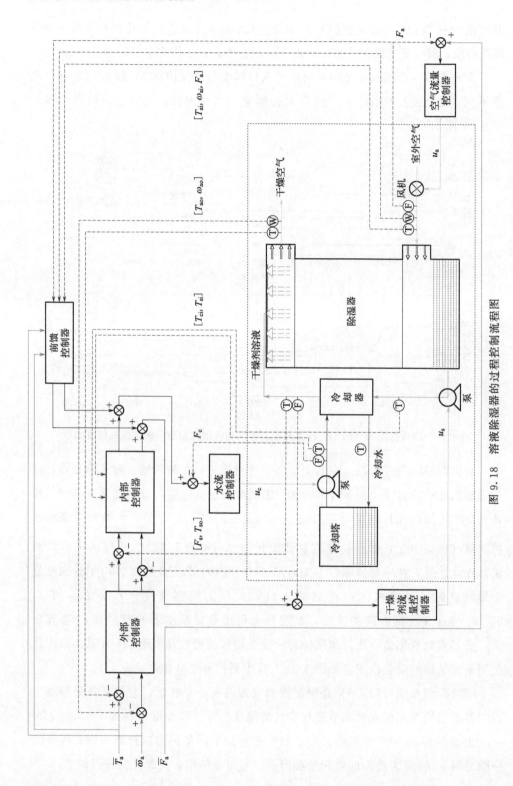

图 9.18 溶液除湿器的过程控制流程图

　　根据傅里叶定律，传热速率与温度梯度成反比，与传热系数成正比。同样，传质速率与蒸汽压梯度成负相关，与传质系数成正相关。因此，干燥剂溶液的质量流量 $\dot{m}_s$ 和温度 T_s 均可作为除湿器的控制输入，其中 $\dot{m}_s$ 由安装在泵上的变速驱动电机（VSD）来直接加以调节，而 T_s 是通过冷却器实现调节的。由于冷冻水是来自楼宇的冷却塔，而干燥剂溶液来自其储罐，因此它们进入到冷却器的温度在短期内保持恒定，因此只有冷冻水质量流量 $\dot{m}_w$ 能够加以控制。

　　溶液除湿器（LDD）控制系统的大部分工作时间都需要调节其输出以抑制扰动的影响，而设定值的变化是很少的。因此干扰抑制将是一个控制系统的主要任务，所以如果仅仅采用反馈控制，往往控制性能会很差。因此，在反馈控制的基础上再引入前馈控制，可以提高系统的整体控制性能。本书采用的控制方案如图 9.19 所示。

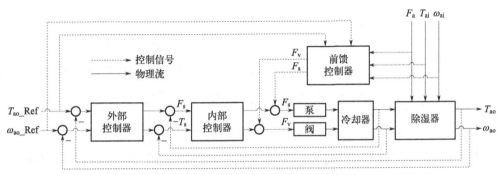

图 9.19　溶液除湿器的过程控制方案框图

　　由于系统的非线性和有限工作点，为了应用成熟的线性控制技术，采用增益调度方法来应对系统的非线性的影响。对于式（9-34）中的溶液除湿器（LDD）简化模型[33]

$$
\begin{cases}
M_s C_{ps}\dot{T}_{so}=c_1 m_s^{c_3}/[1+c_2(\dot{m}_s/\dot{m}_w)^{c_3}](T_w-T_s)+\dot{m}_s C_{ps}(T_{si}-T_{so}) \\
M_w C_{pw}\dot{T}_{wo}=c_1 m_s^{c_3}/[1+c_2(\dot{m}_s/\dot{m}_w)^{c_3}](T_s-T_w)+\dot{m}_w C_{pw}(T_{wi}-T_{wo}) \\
M_a C_{pa}\dot{T}_{ao}=d_1 m_s^{d_3}/[1+d_2 \dot{m}_s^{d_3}\dot{m}_a^{d_4}](T_{so}-T_a)+\dot{m}_a C_{pa}(T_{ai}-T_{ao}) \\
M_a=\dot{\omega}_{ao}=d_5 m_s^{d_7}/[1+d_6\dot{T}_{ai}\dot{m}_s^{d_7}\dot{m}_a^{d_8}](p_{so}-p_a)+\dot{m}_a(\omega_{ai}-\omega_{ao})
\end{cases}
$$

$$(9\text{-}34)$$

可以在选定的工作点线性化得到下列形式的状态空间模型

$$
\begin{cases}
\dot{x}=Ax+Bu+Fd \\
y=Cx
\end{cases}
$$

$$(9\text{-}35)$$

式(9-35) 中，系统状态 $x = \begin{bmatrix} T_{so}, & T_{wo}, & T_{ao}, & \omega_{ao} \end{bmatrix}^T$ 与控制输入向量 $u = \begin{bmatrix} \dot{m}_s, & \dot{m}_w \end{bmatrix}^T$ 和扰动输入向量 $d = \begin{bmatrix} T_{ai}, & \omega_{ai} \end{bmatrix}^T$ 在工作点附近线性相关。系统矩阵 A、输入矩阵 B 和扰动输入矩阵 F 分别由下列各式给出。

$$A_{11} = -\dot{m}_s/M_s - c_1\dot{m}_s^{c_3}/\{[1+c_2(\dot{m}_s/\dot{m}_w)^{c_3}]M_sC_{ps}\}$$

$$A_{12} = c_1\dot{m}_s^{c_3}/\{[1+c_2(\dot{m}_s/\dot{m}_w)^{c_3}]M_sC_{ps}\}$$

$$A_{21} = c_1\dot{m}_s^{c_3}/\{[1+c_2(\dot{m}_s/\dot{m}_w)^{c_3}]M_wC_{pw}\}$$

$$A_{22} = -\dot{m}_w/M_w - c_1\dot{m}_s^{c_3}/\{[1+c_2(\dot{m}_s/\dot{m}_w)^{c_3}]M_wC_{pw}\}$$

$$A_{31} = 2d_1\dot{m}_s^{d_3}/[1+d_2\dot{m}_s^{d_3}\dot{m}_a^{d_4})M_aC_{pa}]$$

$$A_{33} = -\{\dot{m}_a/M_a + d_1\dot{m}_s^{d_3}/[(1+d_2\dot{m}_s^{d_3}\dot{m}_a^{d_4})M_aC_{pa}]\}$$

$$A_{41} = \alpha_1 d_5\dot{m}_s^{d_7}/(1+d_6 T_{ai}\dot{m}_s^{d_7}\dot{m}_a^{d_8})M_a$$

$$A_{44} = -\dot{m}_a/M_a - 81.35d_5\dot{m}_s^{d_7}/(1+d_6 T_{ai}\dot{m}_s^{d_7}\dot{m}_a^{d_8})M_a$$

$$B_{11} = c_1 c_3 \dot{m}_s^{c_3-1}(T_s-T_w)/[(1+c_2\dot{m}_s^{c_3}\dot{m}_w^{-c_3})^2 M_wC_{pw}] + (T_{si}-T_{so})/M_s$$

$$B_{12} = c_1 c_2 c_3 \dot{m}_s^{2c_3}\dot{m}_w^{-c_3-1}(T_s-T_w)/[(1+c_2\dot{m}_s^{c_3}\dot{m}_w^{-c_3})^2 M_sC_{ps}]$$

$$B_{21} = c_1 c_3 \dot{m}_s^{c_3-1}(T_w-T_s)/[(1+c_2\dot{m}_s^{c_3}\dot{m}_w^{-c_3})^2 M_wC_{pw}]$$

$$B_{22} = c_1 c_2 c_3 \dot{m}_s^{2c_3}\dot{m}_w^{-c_3-1}(T_w-T_s)/[(1+c_2\dot{m}_s^{c_3}\dot{m}_w^{-c_3})^2 M_wC_{pw}] + (T_{wi}-T_{wo})/M_w$$

$$B_{31} = d_1 d_3 \dot{m}_s^{d_3-1}(T_{so}-T_a)/[(1+d_2\dot{m}_s^{d_3}\dot{m}_a^{d_4})^2 M_aC_{pa}]$$

$$B_{41} = d_5 d_7 \cdot \dot{m}_a^{d_7-1}(p_{so}-p_a)/[(1+d_6 T_{ai}\dot{m}_s^{d_7}\dot{m}_a^{d_8})^2 M_a]$$

$$F_{31} = \dot{m}_a/M_a - d_1\dot{m}_s^{d_3}/[(1+d_2\dot{m}_s^{d_3}\dot{m}_a^{d_4})M_aC_{pa}]$$

$$F_{41} = -d_5 d_6 \dot{m}_s^{2d_7}\dot{m}_a^{d_8}(p_{so}-p_a)/[(1+d_6 T_{ai}\dot{m}_s^{d_7}\dot{m}_a^{d_8})^2 M_a]$$

$$F_{42} = \dot{m}_a/M_a - 162.7d_5\dot{m}_s^{d_7}/[(1+d_6\dot{m}_s^{d_7}\dot{m}_a^{d_8})M_a]$$

9.7.3　反馈-前馈复合控制方案设计与仿真

假设溶液除湿器风机的工作点在 $F_a = 30\text{Hz}$，即溶液除湿器（LDD）大约可对 $600\text{m}^3/\text{h}$ 的过程空气进行除湿。如图 9.20 所示，冷却器的换热系数随着冷冻水流量 $\dot{m}_w$ 的增大而增大，但当 $\dot{m}_w > 0.8\text{kg/s}$ 时，二者的相关性变得很弱。而除湿器的传热传质系数则随着干燥剂溶液的质量流量 $\dot{m}_s$ 的增大而按图中的 s 形曲线增大，且当 $0.2\text{kg/s} < \dot{m}_s < 0.4\text{kg/s}$ 时具有较大的可调整性。

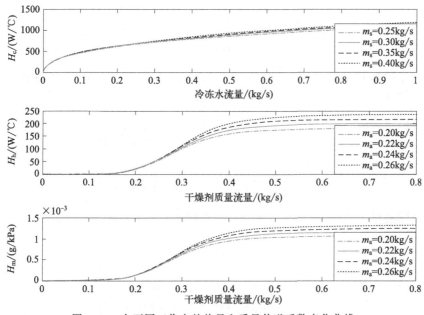

图 9.20　在不同工作点的热量和质量传递系数变化曲线

假设所选工作点在 $F_s = 23\text{Hz}$，$F_v = 0.4$。LDD 稳定在 $\dot{m}_s = 0.3015\text{kg/s}$，$\dot{m}_w = 0.4\text{kg/s}$，$T_{so} = 11.25\,℃$，$T_{wo} = 14.19\,℃$，$T_{ao} = 17.59\,℃$，$\omega_{ao} = 13.38\text{g/kg}$，则可求得式（9-35）中的系统模型的各个矩阵为

$$
A = \begin{bmatrix}
-0.0291 & 0.0141 & 0 & 0 \\
0.0098 & -0.0298 & 0 & 0 \\
0.0095 & 0 & -0.0144 & 0 \\
0.0014 & 0 & 0 & -0.0120
\end{bmatrix}, \quad
B = \begin{bmatrix}
0.5867 & -0.1989 \\
0.0698 & -0.2215 \\
-1.0379 & 0 \\
-0.5357 & 0
\end{bmatrix},
$$

$$
F = \begin{bmatrix} 0 & 0 & 0.0049 & 0.0012 \\ 0 & 0 & 0 & 0.0072 \end{bmatrix}^{\mathrm{T}}, \quad
C = \begin{bmatrix} 0 & 0 & 1 & 0 \\ 0 & 0 & 0 & 1 \end{bmatrix}
$$

（1）两级反馈控制

根据 LDD 的串行结构，反馈控制方案也通过两个回路来实现，其中外回路控制器以除湿器为重点，进行其所需的干燥剂溶液温度和流量设定值的计算，而内回路控制器对冷却器进行调节，以实现对干燥剂溶液温度和流量设定值的跟踪。由于过程变量的耦合，首先设计了解耦控制器。在选定的工作点，冷却器控制输入 $[\delta\dot{m}_s, \delta\dot{m}_w]$ 与输出 $[\delta T_{so}, \delta T_{wo}]$ 之间的动态关系为

$$G_h(s) = \begin{pmatrix} \dfrac{20.1361}{34.3220s+1}, & \dfrac{-6.8249}{34.3220s+1} \\[3mm] \dfrac{2.3470}{33.6034s+1}, & \dfrac{-7.4441}{33.0120s+1} \end{pmatrix} \tag{9-36}$$

而除湿器控制输入 $[\delta\dot{m}_s, \delta T_{so}]$ 与其输出 $[\delta T_{ao}, \delta\omega_{ao}]$ 之间的动态关系为

$$G_u(s) = \begin{pmatrix} \dfrac{-8.7216}{69.6725s+1}, & \dfrac{0.6605}{69.6725s+1} \\[3mm] \dfrac{-44.7361}{83.5011s+1}, & \dfrac{0.1179}{83.5011s+1} \end{pmatrix} \tag{9-37}$$

且除湿器扰动输入 $[\delta T_{ai}, \delta\omega_{ai}]$ 与其输出 $[\delta T_{ao}, \delta\omega_{ao}]$ 的动态关系为

$$G_d(s) = \begin{pmatrix} \dfrac{0.3395}{69.6725s+1}, & 0 \\[3mm] \dfrac{0.1001}{83.5011s+1}, & \dfrac{0.6053}{83.5011s+1} \end{pmatrix} \tag{9-38}$$

为了实现对过程变量耦合的解耦，采用了输出反馈解耦控制方法，对 $G_u(s)$ 的表达形式进行了变形，改写为

$$G_u(s) = \begin{bmatrix} 69.6725s+1 & 0 \\ 0 & 83.5011s+1 \end{bmatrix}^{-1} \begin{bmatrix} -8.7216 & 0.6605 \\ -44.7361 & 0.1179 \end{bmatrix}$$

并将解耦控制器选取为

$$K_d(s) = \begin{pmatrix} 0.1179 & -0.6605 \\ 44.7361 & -72.3155 \end{pmatrix}$$

于是除湿器的控制输入和输出之间的整体动态关系变为

$$G_u(s)K_d(s) = \begin{bmatrix} \dfrac{21.0222}{69.6725s+1} & 0 \\[3mm] 0 & \dfrac{21.0222}{83.5011s+1} \end{bmatrix}$$

可见除湿器本身经过解耦后，它等效成为一个解耦的 TITO 系统，其等效对象在每个通道可以像 SISO 系统一样进行调节。除湿器本身的一个控制输入 $\dot{m}_s$ 驱动干燥剂溶液泵通过内回路完成除湿所需干燥剂溶液流量的跟踪，而其另一个控制输入 T_{so} 则作为冷却内回路的参考输入。虽然冷却器本身动态特性也具有耦合特性，但其中一个输出 T_{so} 仅通过 $\dot{m}_w$ 进行调节，因为其另一个输出 $\dot{m}_s$

已被外回路控制器固定。因此，内回路控制器可以通过经典的 PI 控制器来实现。对于先进的控制参数选择方法可以参考文献［34］。

假设除湿器入口空气温度 T_{ai} 在 $t=2000s$ 时有 $-2℃$ 的阶跃变化，入口空气湿度 ω_{ai} 在 $t=4000s$ 时有 $2g/kg$ 的阶跃变化，空气流量 F_a 在 $t=6000s$ 时有 $-5Hz$ 的阶跃变化。图 9.21 给出了所提出的两级反馈控制方案的控制性能，该方案能够实现控制目标，但由于输出响应缓慢，性能受到限制。在除湿器入口空气湿度或流量的阶跃扰动下，反馈控制需要 400s 左右才能消除扰动对被控变量的影响。

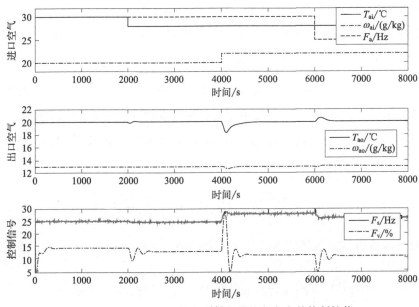

图 9.21　在选定的工作点两级反馈控制方案的控制性能

上述控制方案性能不佳的部分原因是反馈控制固有特性，而 $\dot{m}_s$ 与 T_{so} 之间的响应速度失配是其性能不佳的主要原因。在实际应用中，$\dot{m}_s$ 总是比 T_{so} 响应速度快，因为前者是通过干燥剂泵实现调节的，而后者是通过冷却器实现控制的。为了改善溶液除湿器（LDD）的控制性能，在上述反馈控制的基础上再引入前馈控制，通过利用前馈控制可在扰动影响到达输出之前就能施加控制作用的特点，能够显著提高系统抑制扰动影响的性能。

（2）扰动预测前馈控制

虽然上文所提出的两级反馈控制方案可以达到溶液除湿器（LDD）控制的

目标，但控制性能的响应速度受到限制，特别是在空气湿度阶跃变化时。其中冷却器的响应延迟是造成这种限制的主要原因。为了解决这一问题，应该开发更有效的控制方法，其中前馈控制是处理这些可测干扰影响的良好选择，对于溶液除湿器（LDD）而言，其入口空气的温度和湿度（T_{ai}，ω_{ai}）就是必须考虑的可测干扰。

由于干燥剂溶液的除湿能力对其温度的变化更加敏感，因此在控制过程中，建议将干燥剂溶液的流量保持在一个合理的值不变[35]，如 $\dot{m}_s = 0.45\text{kg/s}$。然后溶液除湿器（LDD）可以由冷冻水流量 $\dot{m}_w$ 来进行调节。本节将采用 9.5 节提出的扰动预测前馈控制方案来提高整个系统的控制性能。

假设溶液除湿器（LDD）在选定的工作点，即 $F_s = 34.33\text{Hz}$，$F_v = 0.4$，$F_a = 35.15\text{Hz}$ 运行，并且整个控制系统的状态稳定在 $\dot{m}_s = 0.45\text{kg/s}$，$\dot{m}_w = 0.4\text{kg/s}$；$\dot{m}_a = 0.25\text{kg/s}$，冷却器出口干燥剂溶液温度 $T_{so} = 14.18℃$，冷却器出口冷冻水温度 $T_{wo} = 15.45℃$，除湿器出口空气温度 $T_{ao} = 15.68℃$，除湿器出口空气湿度 $\omega_{ao} = 11.11\text{g/kg}$。冷却器出口干燥剂溶液温度 δT_{so} 与其控制输入 $[\delta\dot{m}_s, \delta\dot{m}_w]$ 之间存在动态关系

$$\delta T_{so}(s) = \frac{12.6816}{26.7888s+1}\dot{\delta m}_s(s) + \frac{-6.5806}{26.7888s+1}\delta\dot{m}_w(s) \tag{9-39}$$

而除湿器出口空气湿度 $\delta\omega_{ao}$ 与其控制输入 $[\delta\dot{m}_s, \delta T_{so}]$ 的动态关系为

$$\delta\omega_{ao}(s) = \frac{-6.4562}{63.9779s+1}\dot{\delta m}_s(s) + \frac{0.1670}{63.9779s+1}\delta T_{so}(s) \tag{9-40}$$

并且除湿器出口空气湿度 $\delta\omega_{ao}$ 与其扰动输入 $[\delta T_{ai}, \delta\omega_{ai}]$ 之间的动态关系为

$$\delta\omega_{ao}(s) = \frac{0.1970}{63.9779s+1}\delta T_{ai}(s) + \frac{0.4409}{63.9779s+1}\delta\omega_{ai}(s) \tag{9-41}$$

根据 9.2 节和 9.4 节所述，可得扰动预测前馈控制器为

$$C_{ff\,|\,T_{ai}}(z) = 4.9029z - 4.7252, \quad C_{ff\,|\,\omega_{ai}}(z) = 10.9761z - 10.5784$$

并增加了预测误差的补偿机制

$$\begin{cases} \delta u_{ff\,|\,T_{ai}}(k) = -1.9634 \times 0.1032 \times 4.9029[\hat{d}(k) - d(k)] \\ \delta u_{ff\,|\,T_{ai}}(k+1) = 0.9638 \times 0.1032 \times 4.9029[\hat{d}(k) - d(k)] \end{cases}$$

$$\begin{cases} \delta u_{\text{ff}\,|\,\omega_{\text{ai}}}(k) = -1.9638 \times 0.2311 \times 10.9761[\hat{d}(k) - d(k)] \\ \delta u_{\text{ff}\,|\,\omega_{\text{ai}}}(k+1) = 0.9484 \times 0.2311 \times 10.9761[\hat{d}(k) - d(k)] \end{cases}$$

设溶液除湿器入口空气温度在 $t=1000\text{s}$ 时有 $1℃$ 的阶跃扰动，在 $t=2000\text{s}$ 时存在 $-1℃$ 的阶跃扰动，溶液除湿器入口空气湿度在 $t=3000\text{s}$ 时有 1g/kg 的阶跃扰动，在 $t=4000\text{s}$ 时存在 -1g/kg 的阶跃扰动。如图 9.22 所示，反馈与前馈相结合的复合控制方案获得了明显的控制性能改进。对控制性能进行定量分析，与反馈控制方案相比，可得 MAAE 平均可减少 41.6%，而 IAE 平均可减少 27.4%，如表 9.6 所示。在图 9.23 中对它们的控制信号进行了比较，可看出其中前馈控制器承担了大部分的控制工作量，这也间接验证了其抑制干扰的有效性。这里获得的控制性能改进不如本章前面章节例子的明显，这主要是由溶液除湿器（LDD）被控对象的强非线性造成的。

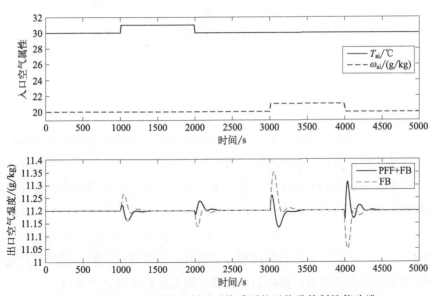

图 9.22　增加预测前馈控制后系统受到的干扰及控制性能改进

表 9.6　采用扰动预测前馈控制后的控制性能改进

扰动	$MAAE$		IAE	
	FBFB+PFF	FB	FBFB+PFF	FB
扰动@1000s	0.0395	0.0630	4.3157	5.1228
扰动@2000s	0.0385	0.0640	3.6231	4.9335
扰动@3000s	0.0657	0.1508	9.1573	12.5630
扰动@4000s	0.1104	0.1527	8.0490	12.0294
整体	0.2514	0.4305	25.1451	34.6487

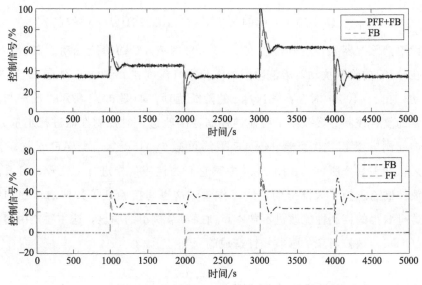

图 9.23　增加预测前馈控制前后两种控制方案的控制信号比较

9.7.4　本节结论

在本节中，针对溶液除湿器（LDD）设计了反馈和前馈相结合的控制方案，其中两级反馈控制器作为基本控制方案对被控系统起到镇定作用，而预测前馈控制器则用于提高系统的响应速度性能。由于被控系统特性的非线性和具有有限多个工作点，因此采用了增益调度方法来应对系统的非线性的影响。为了降低系统中多变量耦合作用，设计了输出反馈解耦控制器。在溶液除湿器（LDD）控制的实例研究中，验证了所提出的控制方案具有良好的控制性能。有望在变化环境下使空调系统适应性更强，都能为居住者提供良好的热舒适性体验。

9.8　本章小结

本章针对溶液除湿器等工业系统动态控制的特点，提出了一种具有干扰预测能力的前馈控制方案，在精确预测的情况下，其干扰抑制性能得到了极大的改善，但随着预测误差的增大，其干扰抑制性能恶化。为了解决这一问题，本章设计了一种补偿机制，用于上述所提新型前馈控制方案的预测误差补偿。给出了本章所提方案的理论分析和设计步骤。通过典型算例仿真和同步带执行器的实例分析,并与现有前馈控制方法相比较,验证了本章所提方案的有效性。针对溶液除湿器(LDD)设计了反馈和前馈相结合的复合控制方案,其中两级反馈控制器作为基本控制方案对被控系统起到镇定作用,而扰动预测前馈控制器则用于提高系统的响应速度性能。在溶液除湿器(LDD)控制的实例仿真研究中,验证了所提出的控制方案具有良好的控制性能。有望在变化环境下使空调系统适应性更强,为居住者提供良好的热舒适性体验。

参考文献

[1] Franklin G F,Powell J D,Emami-Naeini A,et al. Feedback control of dynamic systems [M]. Upper Saddle River:Prentice hall,2002.

[2] Prempain E,Postlethwaite I. Feedforward control:a full-information approach [J]. Automatica,2001,37(1):17-28.

[3] Koerber A,King R. Combined feedback-feedforward control of wind turbines using state-constrained model predictive control [J]. IEEE Transactions on Control Systems Technology,2013,21(4):1117-1128.

[4] Wu Y,Zou Q. Robust inversion-based 2-DOF control design for output tracking:piezoelectric-actuator example [J]. IEEE Transactions on Control Systems Technology,2009,17(5):1069-1082.

[5] Padula F,Visioli A. Inversion-based feedforward and reference signal design for fractional constrained control systems [J]. Automatica,2014,50(8):2169-2178.

[6] Guzmán J L,Hägglund T. Simple tuning rules for feedforward compensators [J]. Journal of Process Control,2011,21(1):92-102.

[7] Zhong H,Pao L,de Callafon R. Feedforward control for disturbance rejection:model matching and other methods [C] //24th Chinese Control and Decision Conference (CCDC),2012:3528-3533.

[8] Pawlowski A,Rodríguez C,Guzmán J L,et al. Predictive feedforward compensator for dead-time processes [J]. IFAC-PapersOnLine,2017,50(1):1239-1244.

[9] Rodríguez C,Guzmán J L,Berenguel M,et al. Generalized feedforward tuning rules for non-realizable delay inversion [J]. Journal of Process Control,2013,23(9):1241-1250.

[10] Rodríguez C,Guzmán J L,Berenguel M,et al. Optimal feedforward compensators for

systems with right-half plane zeros [J]. Journal of Process Control, 2014, 24 (4): 368-374.

[11] Hast M, Hägglund T. Low-order feedforward controllers: optimal performance and practical considerations [J]. Journal of Process Control, 2014, 24 (9): 1462-1471.

[12] Adam E J, Marchetti J L. Designing and tuning robust feedforward controllers [J]. Computers & Chemical Engineering, 2004, 28 (9): 1899-1911.

[13] Boerlage M, Tousain R, Steinbuch M. Jerk derivative feedforward control for motion systems [C] // 2004 American Control Conference, 2004, 5: 4843-4848.

[14] Chen S L, Li X, Teo C S, et al. Composite jerk feedforward and disturbance observer for robust tracking of flexible systems [J]. Automatica, 2017, 80: 253-260.

[15] Meckl P H, Kinceler R. Robust motion control of flexible systems using feedforward forcing functions [J]. IEEE Transactions on Control Systems Technology, 1994, 2 (3): 245-254.

[16] Li X, Wang Q G, Cai W J. Approximate feedforward control [C] //2015 10th Asian Control Conference (ASCC), 2015: 1-6.

[17] Su Y X, Duan B Y, Zheng C H, et al. Disturbance-rejection high-precision motion control of a Stewart platform [J]. IEEE Transactions on Control Systems Technology, 2004, 12 (3): 364-374.

[18] Gao Z. Active disturbance rejection control: a paradigm shift in feedback control system design [C] //2006 American Control Conference, 2006: 2399-2605.

[19] Zheng Q, Dong L, Lee D H, et al. Active disturbance rejection control for MEMS gyroscopes [C] //2008 American Control Conference, 2008: 4425-4430.

[20] Huang Y, Xue W. Active disturbance rejection control: methodology and theoretical analysis [J]. ISA Transactions, 2014, 53 (4): 963-976.

[21] Zou Q, Devasia S. Preview-based stable-inversion for output tracking of linear systems [J]. Journal of Dynamic Systems Measurement and Control, 1999, 121 (4): 3544-3548.

[22] Li X, Liu S, Tan K K, et al. Predictive feedforward control [C] //2016 12th IEEE International Conference on Control and Automation (ICCA), 2016: 804-809.

[23] Jbilou K, Sadok H. Vector extrapolation methods. Applications and numerical comparison [J]. Journal of Computational and Applied Mathematics, 2000, 122 (1/2): 149-165.

[24] Neter J, Kutner M H, Nachtsheim C J, et al. Applied linear statistical models [J]. Technometrics, 1996, 39 (3): 880-880.

[25] Wang Q G, Li X, Qin Q. Feature selection for time series modeling [J]. Journal of

Intelligent Learning Systems and Applications，2013，5（3）：152-164.

[26] Joensen A，Madsen H，Nielsen H A，et al. Tracking time-varying parameters with local regression [J]. Automatica，2000，36（8）：1199-1204.

[27] Hyndman R J，Koehler A B. Another look at measures of forecast accuracy [J]. International Journal of Forecasting，2006，22（4）：679-688.

[28] Wang Q G. Decoupling control [M]. Springer Science & Business Media，2002.

[29] Li X，Chen S L，Teo C S，et al. Data-based tuning of reduced-order inverse model in both disturbance observer and feedforward with application to tray indexing [J]. IEEE Transactions on Industrial Electronics，2017，64（7）：5492-5501.

[30] Tan K K，Wang Q G，Hang C C. Advances in PID control [M]. Springer Science & Business Media，2012.

[31] Kempf C J，Kobayashi S. Disturbance observer and feedforward design for a high-speed direct-drive positioning table [J]. IEEE Transactions on Control Systems Technology，1999，7（5）：513-526.

[32] Conde M R. Properties of aqueous solutions of lithium and calcium chlorides：formulations for use in air conditioning equipment design [J]. International Journal of Thermal Sciences，2004，43（4）：367-382.

[33] Xian L. New methods for feedforward control with applications to the liquid desiccant dehumidification system [D]. Singapore：National University of Singapore，2016.

[34] Yu C，Le B N，Li X，et al. Randomized algorithm for determining stabilizing parameter regions for general delay control systems [J]. Journal of Intelligent Learning Systems and Applications，2013，5（2）：99-107.

[35] Khan A Y. Sensitivity analysis and component modelling of a packed-type liquid desiccant system at partial load operating conditions [J]. International Journal of Energy Research，1994，18（7）：643-655.

第十章

基于溶液除湿的独立新风-冷却吊顶空调系统优化控制

10.1 概述

独立新风-冷却吊顶空调系统作为一种可供选择的空调系统，已在西北欧的医院、办公楼、图书馆、博物馆、学校、疗养院等公共建筑中得到了广泛的研究和成功的应用，已有 30 多年的历史[1]。近年来，在北美[2,3] 和一些亚洲国家[4-6]，对这种空调系统的研究与应用也越来越多。

在独立新风-冷却吊顶空调系统中，独立新风系统负责去除空调空间的所有潜热负荷和部分显热负荷，并同时满足居住者的通风需求；而冷却吊顶子系统则负责处理剩余部分的显热负荷。就目前所考虑的系统配置而言，这种空调系统实现了显热负荷和潜热负荷处理过程的解耦。因此，室内空气温度和湿度的独立控制是可行的。同时，对多区域空间也可能进行更有效的通风控制。这是因为独立新风系统将处理过的室外空气直接输送到每个区域，而不与回风进行混合。因此，独立新风-冷却吊顶空调系统可以改善室内热舒适程度和室内空气质量。此外，与传统空调方案相比，这种空调系统可以显著降低能耗。

文献［7］提出一种 100％室外空气置换通风系统，该系统由与冷却吊顶相结合的除湿冷却系统组成，研究结果表明，与传统的定风量（CAV）系统相比，该系统可节约 44％的一次能源消耗。文献［8］报道了一种用于某大学工作室的独立新风-辐射板冷却系统。应用研究表明，这种新型系统的年能耗，比传统的具有空气侧省煤器的变风量（VAV）系统的年能耗少 42%。

为了充分发挥独立新风-冷却吊顶空调系统的优势，并在实际应用中实现室内空气温湿度以及通风的独立控制，研发可靠的控制方法是至关重要的。对独立新风-冷却吊顶空调系统或类似的系统的控制问题已经进行了一些研究。

文献［9］提出了采用辐射冷却系统的单个房间室内温度控制的两种方法，即调节辐射冷却板的供水温度或者供水流量，并对其控制性能进行了比较。文献［10］研究了独立新风-冷却吊顶空调系统用于单个空调区域的控制方法，该研究采用独立新风子系统中的双轮（焓轮和显热轮）和一个冷却盘管进行室内空气湿度控制，通过调节冷却吊顶供水流量进行室内空气温度控制。文献［11］在空调系统中采用溶液除湿系统用于独立控制送风湿度。文献［12］介绍了两种采用化学除湿的混合空调系统，用于超市的送风湿度控制。

在以往的研究中，室内温湿度的独立控制以及整个独立新风-冷却吊顶空调系统的性能分析研究，主要集中在单区域的应用上，而对多区域空间的应用研究关注较少。此外，在公开发表的文献中很少考虑独立新风-冷却吊顶空调集成系统的最优控制问题。在已报道的研究文献中，独立新风系统通常采用恒定的通风流量[7] 和恒定的送风湿度，即 7.15g/(kg 干空气)[10]。实际上，独立新风系统的通风量和送风湿度比是独立新风-冷却吊顶空调系统的两个关键变量，它们对集成系统的室内热舒适度、室内空气质量和能耗有显著影响，并且可以进行优化。

在本书的研究中，提出了一种基于溶液除湿的独立新风-冷却吊顶空调系统，以用于多区域空调空间。提出了两种策略对上述的两个变量进行优化，以提高系统的能效性能。利用在 TRNSYS[13] 平台上的系统仿真试验，研究了每种策略对室内空气质量、热舒适性和能耗的控制性能。

10.2　研究采用的独立新风-冷却吊顶空调系统和提出的控制策略

10.2.1　用于多区域空间的独立新风-冷却吊顶空调系统的描述

本研究针对的楼宇建筑原型是位于中国南方的一座商业建筑。在 TRNSYS 平台上，对该楼宇一个典型楼层的多区域空间及其关联的独立新风-冷却吊顶空调调系统进行了仿真。如图 10.1 所示，该多区域空间可用建筑面积约为 $302/m^2$。它被分为 5 个区域，其中区域 1~3 以及区域 5 为周边区，区域 4 为内部区。各个分区的功能和面积如表 10.1 所示。

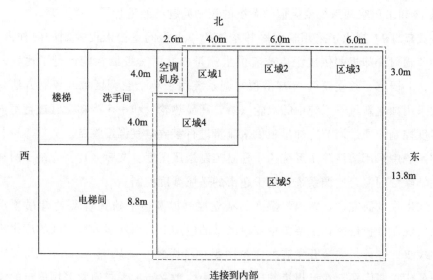

图 10.1　半个楼层的平面布局（以 m 为单位进行标注）

表 10.1　多区域空间的各个分区的功能和面积

项目	区域1	区域2	区域3	区域4	区域5
功能	小会议室	经理室1	经理室2	大会议室	办公室
面积/m²	16	18	18	26.4	224

楼宇建筑外墙厚度为 163mm，建筑正面不透明部分的热传递系数 U 值为 $1.5W/(m^2 \cdot K)$。采用了 U 值为 $2.83W/(m^2 \cdot K)$ 的隔热玻璃窗，安装百叶窗是为了遮阳。空调空间从地板到天花板的高度为 2.7m，外墙窗户与墙的面积比为 40%。在空调房间的开放区域，约有 90% 的天花板装有冷却吊顶。五个分区的设计居住人数分别为 5、2、1、13 和 56。假设每人二氧化碳、水分和显热的产生率分别为 $5 \times 10^{-6} m^3/s$、$2.83 \times 10^{-5} kg/s$ 和 65W。内部照明负荷取为 $20W/m^2$，设备负荷取为 $20W/m^2$。

在本研究中，空调系统每天的运行时间为 9：00~18：00，除湿季节办公区域的设计条件为：干球温度为 24℃，相对湿度为 55%。

图 10.2 显示了本书所采用的独立新风-冷却吊顶空调系统及其控制系统的原理图。在如图 10.2（a）所示的集成系统中，独立新风子系统负责满足通风需求，

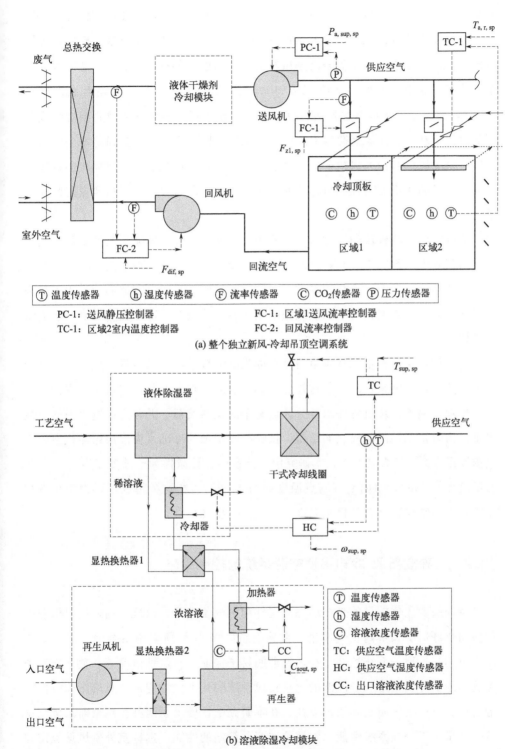

ⓣ 温度传感器	ⓗ 湿度传感器	Ⓕ 流量传感器	Ⓒ CO₂传感器	Ⓟ 压力传感器

PC-1：送风静压控制器　　　　　　　　FC-1：区域1送风流率控制器
TC-1：区域2室内温度控制器　　　　　　FC-2：回风流率控制器

(a) 整个独立新风-冷却吊顶空调系统

(b) 溶液除湿冷却模块

图 10.2　本书所采用的独立新风-冷却吊顶空调系统及其控制系统的原理图

并去除空调空间的湿负荷。来自独立新风子系统的室外空气流速可以是固定的，也可以由按需控制供风（DCV）策略来确定[14,15]。采用膜式全热交换器，可同时传递显热和潜热，而不需要将排风与引入室内的室外空气相混合，从而提高了系统的能源效率。采用溶液除湿器将室外潮湿空气除湿至送风湿度比设定值 $\omega_{sup,sp}$，此设定值可以是恒定的，也可通过监测和测量各个分区域的相对湿度值而加以优化获得。供风经除湿机除湿后，采用干冷却盘管再将送风冷却到舒适的 19℃。供风风机和回风风机的运行都通过变频调速加以控制。供风风机的调节是以维持送风静压不变为控制目标，而回风风机的控制是要维持送风风量与回风风量之差恒定。

溶液除湿冷却模块的详细结构如图 10.2（b）所示。除湿系统采用氯化锂溶液作为液体干燥剂。该独立新风系统的送风湿度比，是通过调节流入溶液除湿机的浓溶液的入口温度来进行控制的，而这是通过调节进入冷却器的冷却水流量来实现的。最后进入空调房间的供风温度则通过调节进入干冷却盘管的供冷水流量来维持。

在溶液再生过程中，从再生器流出的除湿溶液浓度，通过调节进入再生器的稀溶液的入口温度来控制，而这是通过调节进入加热器的热水流量来实现的。

冷却吊顶子系统负责去除各分区域剩余的显热负荷，并独立控制室内的空气温度。为防止冷却吊顶板表面结露，供给冷却吊顶的冷冻水温度应始终比室内空气露点温度高 0.5℃ 以上。在本研究中，当室内设计条件为干球温度为 24℃，相对湿度为 55% 时，室内空气露点温度约为 14.2℃。在这种情况下，为防止冷却吊顶板表面结露，合适的供水温度（$T_{w,sup}$）为 16℃。

10.2.2 独立新风-冷却吊顶空调系统的控制策略

空调系统优化的目的是在动态的室外和室内条件下，以最小的能耗提供期望的室内热舒适度和室内空气质量。在独立新风-冷却吊顶空调系统中，室内空气温度由冷却吊顶子系统控制，在运行期间易于保证。在这种情况下，独立新风子系统内的室外供风量和送风湿度比是集成系统的两个关键变量，直接影响室内热舒适度、室内空气质量和系统能耗。在本研究中，提出了两种控制策略来优化这两个变量，以提高系统性能。为评价这两种策略的性能，选择室外供风量恒定和送风湿度比恒定的基本控制策略作为基准。这些控制策略的描述如下。

（1）基本控制策略

基本控制策略是通过调节流经冷却吊顶的冷冻水流量，将每个空调区域的温度保持在其设定点，同时允许室内相对湿度自由浮动。这种控制策略与传统空调系统的控制策略类似。在基本控制策略中，独立新风子系统中各区域的室外供风量和送风湿度比均为常数。根据美国采暖、制冷与空调工程师学会（American Society of Heating，Refrigerating and Air-Conditionings Engineers，ASHRAE）标准 62.1-2007[16]，每个区域的通风率由设计的居住者人数决定。在模拟仿真试验中，当使用最新标准[16] 时，发现办公室房间内的 CO_2 浓度远远高于规定的值（即比室外空气中的二氧化碳浓度高出约 $700cm^3/m^3$）。因此，本研究采用以下规则来计算各分区域的室外空气需求量：室外空气需求量的计算根据居住者的数量，即对办公室房间和会议室房间，每人 10L/s（ASHRAE 2001）[17]，而最低室外空气需求量的计算则根据空调区域面积，即对办公室房间和会议室房间，每平方米为 0.3L/s（ASHRAE 2007）[16]。这个规则同时考虑了用于冲淡居民产生污染物的最小室外风量和用于稀释非居民产生污染物的最小室外风量。在本研究中，独立新风系统送风湿度比的设定值固定并等于设计值，即 7.7g/（kg 干空气）。该基本控制策略主要用作评价优化控制策略性能的参考基准，两种优化控制策略的详细论述见下文。

（2）供风湿度比设定值重新设定策略

在供风湿度比设定值重新设定策略中，通风量是固定的，与基本控制策略中的通风量相同，但独立新风系统中的送风湿度比设定值则随着空调区域瞬时潜热负荷的变化而变化。

本书提出了一种送风湿度比设定值在线重新设定策略，其控制逻辑如图 10.3 所示。与温度控制策略不同，本研究的目的是将室内温度保持在固定的设定值，即 24℃，而每个区域的室内空气相对湿度希望控制在 30%～60% 范围内[18]，所有区域的最大相对湿度应始终接近但不超过 60%，以降低空气除湿所消耗的能源。湿度比的设定值是根据各区域相对湿度的测量值确定的。始终对所有区域相对湿度的最大值和最小值进行监测。当 5 个区域的相对湿度最大值 RH_{max} 大于 58% 时，送风湿度比设定值 ω_{sp} 将减小；而当它们的相对湿度最小值 RH_{min} 小于 32% 时，送风湿度比设定值 ω_{sp} 将增大。如果各个区域的相对湿度被很好地控制在 30%～60% 范围内时，送风湿度比设定值 ω_{sp} 将不做更改。

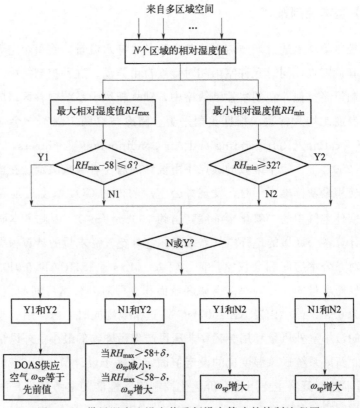

图 10.3　供风湿度比设定值重新设定策略的控制流程图

（3）基于按需控制供风（DCV）策略的供风湿度重新设定策略

在这种复合控制策略中，通风流量是可变的，由按需控制供风策略决定[14,15]。采用如式（10-1）所示的在线动态策略，对空调区域各房间的实际居住人数进行检测。

$$P_{zone,i}^{k} = \frac{E_{ac}(V_{s,zone,i}^{k} + V_{s,zone,i}^{k-1})(C_{zone,i}^{k} - C_{s}^{k})}{2S}$$

$$+ V_{zone,i} \frac{C_{zone,i}^{k} - C_{zone,i}^{k-1}}{S\Delta t} \tag{10-1}$$

式（10-1）中，P 表示居住者人数；E_{ac} 表示风量改变效果；V 表示在空调区域的空气风量；C_{s} 表示供风的二氧化碳浓度；S 表示一个居住者二氧化碳的平均产生率；zone, i 表示第 i 个分区。

通过实时检测到的空调空间内的居住人员数量，就可计算出每个区域的供风量。送风湿度比设定值在独立新风系统中是可变的，由图 10.3 所示的控制策略确定。

10.3　整个系统的模型

在本节中，将介绍所采用的独立新风-冷却吊顶空调系统主要组件的模型。整个系统的模拟仿真是建立在 TRNSYS 平台上的。通过仿真实验研究了采用不同控制策略的独立新风-冷却吊顶空调系统的性能。

10.3.1　膜式全热交换器

膜式全热交换器的数值仿真可以采用有限差分模型或 ε-NTU 模型。有限差分模型可详细且相当准确地描述膜式全热交换器，但它是费时的，常常需要进行大量的迭代运算。ε-NTU 模型简单、快速，对膜式全热交换器的性能预测也比较可靠[19]。

本研究采用 ε-NTU 模型对膜式全热交换器进行建模。膜交换器采用平行板结构，因为翅片在增强膜的传热传质方面用处不大[20]。显热效率和潜热效率的定义如下：

$$\varepsilon_S = \frac{T_{f,in} - T_{f,out}}{T_{f,in} - T_{ex,in}} \tag{10-2}$$

$$\varepsilon_L = \frac{\omega_{f,in} - \omega_{f,out}}{\omega_{f,in} - \omega_{ex,in}} \tag{10-3}$$

它们分别可用以下两式计算出来，即

$$\varepsilon_S = 1 - \exp\left[\frac{\exp(-NTU_S^{0.78}) - 1}{NTU_S^{-0.22}}\right] \tag{10-4}$$

$$\varepsilon_L = 1 - \exp\left[\frac{\exp(-NTU_L^{0.78}) - 1}{NTU_L^{-0.22}}\right] \tag{10-5}$$

式(10-4) 和式(10-5) 中，NTU_S 和 NTU_L 分别为显热效率和潜热效率的传递单元总数[19]。

10.3.2　除湿器和再生器

在整个系统的溶液除湿空调子系统中，采用的除湿器和再生器均为逆流配置。数学模型可以基于控制容积构建。

$$m_a dh_a = m_s dh_s \tag{10-6}$$

$$dm_s = m_a d\omega_a \tag{10-7}$$

$$\frac{dh_a}{dy} = \frac{NTU}{L}\left[Le(h_a - h_e) + (1-Le)\lambda(\omega_a - \omega_e)\right] \tag{10-8}$$

$$\frac{d\omega_a}{dy} = \frac{NTU}{L}(\omega_a - \omega_e) \tag{10-9}$$

式(10-8) 和式(10-9) 中，Le 和 NTU 分别为刘易斯数和传递单元总数。对于除湿器和再生器模型，采用了填料塔式溶液除湿设备绝热传热传质的综合解析解。更详细的描述可以参考文献 [21]。

10.3.3　冷却盘管/加热盘管

如式(10-10) 所示，采用一阶微分方程来表示集总热质量的冷却/加热盘管的动态特性[22]。建立在能量平衡基础上的动力学方程保证了能量的守恒。

$$C_c \frac{dT_c}{d\tau} = \frac{T_{a,in} - T_c}{R_1} - \frac{T_c - T_{w,in}}{R_2} \tag{10-10}$$

式(10-10) 中，T_c 为冷却/加热盘管的平均温度；$T_{a,in}$ 和 $T_{w,in}$ 为入口进风的温度和水温；C_c 为冷却/加热盘管的总热容；R_1 和 R_2 分别为空气侧和水侧的总传热阻力。

10.3.4　能耗模型

制冷系统消耗的电能用下式计算，即

$$E_c = \frac{Q_c}{COP} \tag{10-11}$$

式(10-11) 中，Q_c 为整个系统（包括冷却吊顶系统及冷却盘管）所消耗的冷却能量，kW；COP 是制冷系统的性能系数或能效比。

对于除湿溶液再生子系统，使用天然气锅炉为加热盘管提供热水。锅炉能耗由下式确定，即

$$E_b = \frac{Q_h}{\eta_b} \qquad (10-12)$$

式(10-12) 中，Q_h 为所需加热能量，kW；η_b 为锅炉的转换效率，在本研究中取为 0.79。如果在实际应用中可以利用余热或太阳能，能提高溶液除湿系统的能效。

风机的能耗用下式来计算，即

$$E_f = \frac{Q\Delta p}{3600\eta_f} \qquad (10-13)$$

式(10-13) 中，Q 为风机体积流量，m^3/h；Δp 为风机总压升，Pa；η_f 为风机效率。在风机能耗计算中，认为随着通风量的变化，风机的压力升高是变化的。在基本控制策略中，恒通风量下，以送风风机、回风风机、再生风机压力升高分别为 1000Pa、400Pa、300Pa 作为参考值。风机效率取为 0.6。

仿真器中的其他部件，如冷却吊顶、控制器和显热交换器等，均由 TRNSYS 模型库进行建模。本研究中热交换器的显热效率取为 0.8。

10.4　仿真结果和分析讨论

本节将研究独立新风-冷却吊顶空调系统在一个典型夏季的一天的性能。图 10.4 显示了在测试的这一天，室外空气的干球温度和湿度的变化情况。独立新风-冷却吊顶空调系统在夏季一天的最大显热负荷约为 28.4kW，最大潜热负荷约为 17.1kW。

在独立新风-冷却吊顶空调系统中，室内空气温度的控制，是通过调节冷却吊顶子系统的供水流量来实现的，采用冷却吊顶达到温度设定值相对比较容易。图 10.5 为整个系统采用基本控制策略时，分区 5 室内空气温度的动态响应。图中显示的数据是区域 5 的，由于它有最高的负荷变化，因此可以用来作为系统热响应的代表。可以发现，在稳定运行期间，室内空气温度都控制在设计值 24℃ 附近。

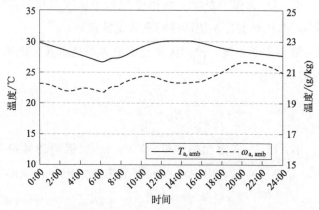

图 10.4　在一个典型夏季的一天室外空气的干球温度和湿度的变化情况

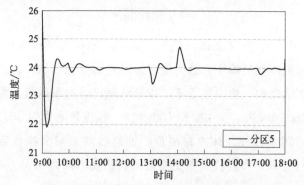

图 10.5　采用基本控制策略时分区 5 室内空气温度的动态响应

图 10.6 为采用基本控制策略时分区 5 室内空气相对湿度的动态响应变化情况。如图 10.6 所示，在稳定运行期间，室内空气相对湿度都低于设计值 55%，这是由于分区 5 实际居住人数低于设计人数，特别是在午餐时间范围内：13：00～14：00。

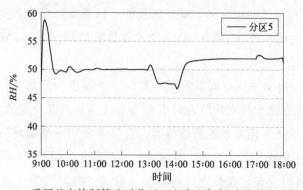

图 10.6　采用基本控制策略时分区 5 室内空气相对湿度的动态响应

就室内空气质量 IAQ 而言，采用基本的控制策略已被证明能够满足空调区域内居住者的通风需求。图 10.7 显示了采用基本控制策略时分区 5CO$_2$ 浓度的变化情况。CO$_2$ 浓度根据空调空间实际居住人数不同而有所不同，运行期间 CO$_2$ 浓度的最大值约为 $800 \mathrm{cm}^3/\mathrm{m}^3$。

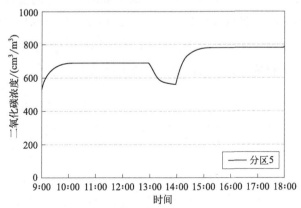

图 10.7　采用基本控制策略时分区 5CO$_2$ 浓度的动态响应

当采用送风湿度比设定值重新设定控制策略时，独立新风子系统的送风湿度比设定值，由 5 个区域的室内空气相对湿度值的最大值和最小值决定。在本研究中，由于试验日为典型的夏季一天，供风湿度比主要受最大相对湿度的影响。图 10.8 为送风湿度比设定值（$\omega_{sup,sp}$）和 5 个区域的最大相对湿度值（RH_{max}）。可以发现，除了开始运行的一段时间外，最大相对湿度保持在 60% 左右。送风湿度比设定值的取值范围为 $0.006 \sim 0.012 \mathrm{kg}/(\mathrm{kg}\ \text{干空气})$。独立新风子系统（$\omega_{sup}$）的实际供风湿度也在图中显示出来，它很好地根据供应空气湿度设定值的变化而变

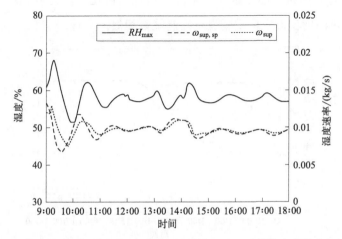

图 10.8　采用送风湿度比设定值重新设定控制策略时送风湿度比和最大相对湿度值

化。仿真结果表明，采用溶液除湿方法来控制独立新风子系统中的供风湿度是可靠的。在这种情况下，室内空气温度控制性能良好，其动态响应与采用基本控制策略时相似，这是因为室内空气温度也是由冷却吊顶子系统独立调节的。

按需控制供风（DCV）策略根据估计的每个区域内的居住者数量，来确定每个区域所需的室外风量，从而降低空气除湿和风机配风的能耗。图 10.9 为基本控制策略和按需控制供风（DCV）策略下，独立新风-冷却吊顶空调系统的室外总风量。可以发现，按需控制供风（DCV）策略下的室外风量，在上午和中午时段低于基本控制策略，因为这两个时段的办公人员较少。

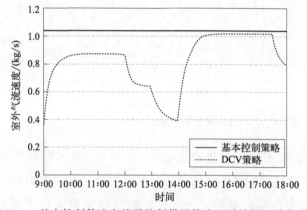

图 10.9　基本控制策略和按需控制供风策略下系统的室外总风量

图 10.10 显示了采用基于按需控制供风的送风湿度重新设定策略时，分区 $5CO_2$ 浓度的变化情况。CO_2 浓度在空调运行期间的变化很小，与其最大值 $800cm^3/m^3$ 非常接近。独立新风子系统的送风湿度比、室内空气相对湿度和温度变化与送风湿度比设定值重新设定控制策略相似。

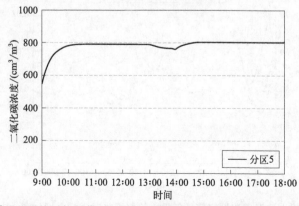

图 10.10　采用基于按需控制供风的送风湿度重新设定策略时分区 $5CO_2$ 浓度的变化

为了评估送风湿度比设定值重新设定策略和按需控制供风策略的能量性能，使用香港一个典型气象年份的天气变化数据，对运行独立新风-冷却吊顶空调系统一整年的情况进行了仿真。表 10.2 给出了采用三种不同控制策略时，整个系统运行一年主要部件的一次能耗。

表 10.2　采用三种不同控制策略时，整个系统运行一年主要部件的一次能耗

项目	基本策略	策略 1	策略 2
加热器/MJ	463532.6	324825.3	282765.3
整体加热量/MJ	463532.6	324825.3	282765.3
节约热量/%	—	29.92	39.00
冷却器/MJ	273633.1	168388.6	157721.8
干换热管/MJ	136652.2	167615.8	134790.9
冷却顶板/MJ	125701.8	125760.5	134692.4
整体冷量/MJ	535987.1	461764.9	427205.1
节约冷量/%	—	13.85	20.30
供风风扇/MJ	57279.3	57279.3	34049.6
回风风扇/MJ	22911.7	22911.7	13619.9
再生风扇/MJ	15768.0	15768.0	15768.0
整体风扇能耗/MJ	95959.0	95959.0	63437.5
节约风扇能耗/%	—	0	33.89
整体能耗/MJ	1095478.7	882549.2	773407.8
节能/%	—	19.44	29.40

采用送风湿度比设定值重新设定控制策略（即表 10.2 中本书提出的策略 1）时，独立新风子系统送风湿度比高于固定送风湿度，这使得溶液除湿再生所需的加热消耗减少约 29.9%，送风除湿和冷却所需的冷却消耗减少约 13.9%。因此，采用送风湿度比设定值重新设定控制策略，全年可降低总能耗 19.4%左右。

当系统采用基于按需控制供风的送风湿度重新设定策略（即表 10.2 中本书提出的策略 2）时，所需室外风量随空调空间估计的居住人数而变化，低于设计的固定通风流量。因此，可以进一步降低溶液除湿系统和风机的能耗。仿真结果表明，采用按需控制供风（DCV）策略，除了通过采用送风湿度比设定值重新设定控制策略所获得的能耗降低外，总能耗还可进一步降低约 10.0%。

在表 10.3 中给出了不同控制策略下用等效用电量（kWh/m²）表示的全年单位面积空调负荷的比较结果。根据表中数据可以发现湿热地区潜热负荷相当高，约占溶液除湿空调系统总负荷的 67.3%左右。优化控制策略主要用于降低通风除湿的能耗。与基本控制策略相比，采用本书所提出的策略 1 和策略 2，可使除湿能耗分别降低约 33.1%和 40.3%。

表 10.3 不同控制策略下全年单位面积空调负荷（kWh/m²）的比较

项目	基本策略	策略 1	策略 2
显热负荷	72.4	81.0	74.4
节能%	—	−11.82	−2.72
潜热负荷	203.4	136.1	121.5
节能%	—	33.09	40.25
风机能耗	26.5	26.5	17.5
节能%	—	0	33.89
整体负荷	302.3	243.5	213.4
节能%	—	19.44	29.40

图 10.11 显示了不同控制策略下独立新风-冷却吊顶空调系统全年每月的一次能耗。从图中可以明显看出，由于建筑空调系统夏季制冷负荷较大，因此系统的夏季能耗较高。此外，香港的天气湿热以及办公大楼产生的热量非常大，因此全年大部分时间都必须进行冷却和除湿。

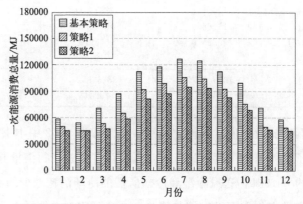

图 10.11 不同控制策略下独立新风-冷却吊顶空调系统全年每月的一次能耗

对比三种控制策略的能量性能可以发现，送风湿度比设定值重新设定控制策略（即本书提出的策略 1）可以显著降低系统总能耗，尤其是在夏季，而采用基于按需控制供风的送风湿度重新设定控制策略（即本书所提出的策略 2）所消耗的能源最少。主要原因是采用这两种优化控制策略时，消耗在室外空气除湿过程的能量较少。

10.5 本章小结

独立新风-冷却吊顶空调系统可实现多区域空间室内温度、湿度和通风的独立控制，并且具有更低的能耗。在本章的研究中，提出了一种使用液体干燥剂除湿的独立新风-冷却吊顶空调系统设计方案。独立新风子系统的室外供风量和送风湿度比是整个空调系统的两个关键变量，直接影响空调区域室内的热舒适度、室内空气质量和能耗。本章提出了两种控制策略对这两个变量进行优化，以提高系统的能效性能。仿真试验结果表明，送风湿度比设定值重新设定控制策略，能有效地将室内空气相对湿度控制在令人舒适的范围内，全年可降低总能耗19.4%左右。仿真实验结果还表明，采用溶液除湿系统控制独立新风子系统供风湿度是可行的和可靠的。此外，基于按需控制供风的通风控制方法在节能方面具有明显的优势，可进一步降低总能耗约10.0%。仿真结果还表明，在湿热地区，通风除湿的能耗相当高，约占溶液除湿空调系统总能耗的60%。采用本章所提出的控制策略，除湿过程可节约高达40%的能源。

参考文献

[1] Wilkins C, Kosonen R. Cool ceiling system: a European air-conditioning alternative [J]. ASHRAE Journal, 1992, 34 (8): 41-45.

[2] Stetiu C. Energy and peak power savings potential of radiant cooling systems in US commercial buildings [J]. Energy and Buildings, 1999, 30 (2): 127-138.

[3] Mumma S A. Chilled ceilings in parallel with dedicated outdoor air systems: addressing the concerns of condensation, capacity, and cost [J]. ASHRAE Transactions, 2002, 108: 220.

[4] Imanari T, Omori T, Bogaki K. Thermal comfort and energy consumption of the radiant ceiling panel system.: comparison with the conventional all-air system [J]. Energy and Buildings, 1999, 30 (2): 167-175.

[5] Matsuki N, Nakano Y, Miyanaga T, et al. Performance of radiant cooling system integrated with ice storage [J]. Energy and Buildings, 1999, 30 (2): 177-183.

[6] Hao X, Zhang G, Chen Y, et al. A combined system of chilled ceiling, displacement ventilation and desiccant dehumidification [J]. Building and Environment, 2007, 42 (9): 3298-3308.

[7] Niu J L, Zhang L Z, Zuo H G. Energy savings potential of chilled-ceiling combined with desiccant cooling in hot and humid climates [J]. Energy and Buildings, 2002, 34 (5):

487-495.

[8] Jeong J W, Mumma S A, Bahnfleth W P. Energy conservation benefits of a dedicated outdoor air system with parallel sensible cooling by ceiling radiant panels [J]. ASHRAE Transactions, 2003, 109: 627.

[9] Lim J H, Jo J H, Kim Y Y, et al. Application of the control methods for radiant floor cooling system in residential buildings [J]. Building and Environment, 2006, 41 (1): 60-73.

[10] Mumma S A, Jeong J W. Direct digital temperature, humidity, and condensate control for a dedicated outdoor air-ceiling radiant cooling panel system [J]. ASHRAE Transactions, 2005, 111 (1): 547-558.

[11] Liu X, Li Z, Jiang Y, et al. Annual performance of liquid desiccant based independent humidity control HVAC system [J]. Applied Thermal Engineering, 2006, 26 (11/12): 1198-1207.

[12] Capozzoli A, Mazzei P, Minichiello F, et al. Hybrid HVAC systems with chemical dehumidification for supermarket applications [J]. Applied Thermal Engineering, 2006, 26 (8/9): 795-805.

[13] Klein S A, Beckman W A, Mitchell J W, et al. TRNSYS 16-A TRaNsient system simulation program, user manual [J]. Solar Energy Laboratory. Madison: University of Wisconsin-Madison, 2004.

[14] Sun Z, Wang S, Ma Z. In-situ implementation and validation of a CO_2-based adaptive demand-controlled ventilation strategy in a multi-zone office building [J]. Building and Environment, 2011, 46 (1): 124-133.

[15] Wang S, Jin X. CO_2-based occupancy detection for on-line outdoor air flow control [J]. Indoor and Built Environment, 1998, 7 (3): 165-181.

[16] ANSI/ASHRAE 62.1-2007. Ventilation for Acceptable Indoor Quality [S].

[17] ANSI/ASHRAE 62.1-2001. Ventilation for Acceptable Indoor Quality [S].

[18] Kittler R. Mechanical dehumidification control strategies and psychrometrics [R]. GA (United States): American Society of Heating, Refrigerating and Air-Conditioning Engineers, Inc. , Atlanta, 1996.

[19] Liang C H, Zhang L Z, Pei L X. Independent air dehumidification with membrane-based totalheat recovery: modeling and experimental validation [J]. International Journal of Refrigeration, 2010, 33 (2): 398-408.

[20] Zhang L Z. Heat and mass transfer in plate-fin sinusoidal passages with vapor-permeable wall materials [J]. International Journal of Heat and Mass Transfer, 2008, 51 (3/4): 618-629.

[21]　Chen X Y, Li Z, Jiang Y, et al. Analytical solution of adiabatic heat and mass transfer process in packed-type liquid desiccant equipment and its application [J]. Solar Energy, 2006, 80 (11): 1509-1516.

[22]　Wang S. Dynamic simulation of building VAV air-conditioning system and evaluation of EMCS on-line control strategies [J]. Building and Environment, 1999, 34 (6): 681-705.